环球网校

严格按照全新考试大纲编写

克题制胜 1

监理工程师

同步章节必刷题

建设工程监理基本理论和相关法规

环球网校监理工程师考试研究院　主编

东南大学出版社
SOUTHEAST UNIVERSITY PRESS
·南京·

图书在版编目(CIP)数据

建设工程监理基本理论和相关法规/环球网校监理工程师考试研究院主编.—南京:东南大学出版社,2023.11

(监理工程师同步章节必刷题)

ISBN 978-7-5766-0889-2

Ⅰ.①建… Ⅱ.①环… Ⅲ.①建筑工程—监理工作—资格考试—习题集 Ⅳ.①TU712.2-44

中国国家版本馆CIP数据核字(2023)第185489号

责任编辑:马伟 责任校对:韩小亮 封面设计:环球网校·志道文化 责任印制:周荣虎

建设工程监理基本理论和相关法规

Jianshe Gongcheng Jianli Jiben Lilun He Xiangguan Fagui

主 编:环球网校监理工程师考试研究院
出版发行:东南大学出版社
出 版 人:白云飞
社 址:南京四牌楼2号 邮编:210096 电话:025-83793330
网 址:http://www.seupress.com
电子邮件:press@seupress.com
经 销:全国各地新华书店
印 刷:三河市中晟雅豪印务有限公司
开 本:787 mm×1 092 mm 1/16
印 张:13
字 数:364千字
版 次:2023年11月第1版
印 次:2023年11月第1次印刷
书 号:ISBN 978-7-5766-0889-2
定 价:42.00元

环球君带你学监理

取得监理工程师职业资格是从事工程监理、工程经济与技术咨询、工程招标与采购咨询、工程项目管理服务等工作的必要条件。要想取得该职业资格，就必须参加并通过监理工程师职业资格考试。

根据《监理工程师职业资格制度规定》《监理工程师职业资格考试实施办法》，监理工程师职业资格考试采用全国统一大纲、统一命题、统一组织的方式进行。该考试设4个科目，3个专业类别，具体如下表所示。

科目		试卷满分	合格标准	考试时长
基础科目	《建设工程监理基本理论和相关法规》	110分	66分	2小时
	《建设工程合同管理》	110分	66分	2小时
专业科目	《建设工程目标控制》	160分	96分	2小时
	《建设工程监理案例分析》	120分	72分	4小时

注：专业科目分为土木建筑工程、交通运输工程、水利工程3个专业类别，考生在报名时可根据实际工作需要进行选择。其中，土木建筑工程专业由住房和城乡建设部负责，交通运输工程专业由交通运输部负责，水利工程专业由水利部负责。

监理工程师职业资格考试成绩实行4年为一个周期的滚动管理办法，即在连续的4个考试年度内通过全部考试科目，方可取得监理工程师职业资格证书。已取得监理工程师一种专业职业资格证书的人员，报名参加其他专业科目考试的，可免考基础科目。免考基础科目和增加专业类别的人员，专业科目成绩按照2年为一个周期滚动管理。

近年来，监理工程师的报考人数呈明显增长的趋势。为帮助读者高效备考，顺利通过考试，早日取得监理工程师职业资格，环球网校组织常年奋战在监理考试培训第一线的专家、老师们编写了这套《同步章节必刷题》，建议您采用以下方法进行复习备考：

◇ **第一步：** 熟悉基础知识后，逐章做本套《同步章节必刷题》（亦可采用一边熟悉基础知识，一边做章节必刷题的方式）。在做题过程中，要认真、仔细，不要怕做错。对于错题，要非常重视，及时进行标记，并重新学习不会的知识点。本书选择部分重要的题目配以二维码，扫码即可听老师的讲解。建议您充分利用本书配套的相关微课，加深对知识的理解和掌握。

◇ **第二步：** 逐章梳理错题，查漏补缺，确保没有知识盲点。做完章节必刷题后，要从头梳理错题，结合本书列出的章节"重难点"，对未掌握或者掌握不牢固的知识，要勤思考、善记忆。第二遍做题，您一定会对监理常考的知识有不一样的感受，记忆会愈发深刻，做题也会更熟练。

◎ **第三步：**考前一个月，逐章快速做题，关注知识点的掌握程度。对掌握相对薄弱的知识点，重新复习，加强巩固。第三遍做题，您需要关注知识框架和做题技巧。完善的知识框架有助于把繁杂的内容整理在记忆体系内，让你对知识的掌握更加牢固；探索并找到独属于您自己的做题技巧，可以提高做题的效率和准确率，使您胸有成竹地参加考试。

千里之行，始于足下。如果您期待从事监理行业，就从现在开始复习吧！

请大胆写出你的得分目标________________

环球网校监理工程师考试研究院

目　录

刷题有道　必胜有路

刷题有道　必胜有路

第一章　建设工程监理制度

第一节　建设工程监理性质及法律地位

> **重难点：**
> 1. 监理实施依据及监理性质。
> 2. 强制实施监理的工程范围。
> 3. 监理单位及监理工程师的法律责任。

考点 1　建设工程监理涵义及性质

1. **【单选】** 根据《建设工程监理规范》，下列选项中，属于建设工程监理基本职责的是（　　）。

   A. 选定工程合同计价方式

   B. 明确勘察设计任务

   C. 协调工程建设相关方关系

   D. 监督工程保修期质量缺陷修复

2. **【单选】** 下列建设单位委托工程监理单位的工作内容中，不属于“相关服务”内容的是（　　）。

   A. 决策　　B. 施工

   C. 勘察　　D. 保修

3. **【单选】** 下列选项中，属于工程监理基本职责的是（　　）。

   A. 审查建设工程施工安全措施费用的合理性

   B. 办理建设工程施工许可手续

   C. 组织论证建设工程设计质量标准

   D. 履行建设工程安全生产管理的法定职责

4. **【单选】** 工程监理单位在委托监理的工程中拥有一定的管理权限，能够开展管理活动，这是（　　）。

   A. 建设单位授权的结果　　B. 监理单位服务性的体现

   C. 政府部门监督管理的需要　　D. 施工单位提升管理的需要

5.【单选】工程监理单位在建设单位授权范围内，采用规划、控制、协调等方法，控制工程质量、造价和进度，并履行建设工程安全生产管理的监理职责，协助建设单位在计划目标内完成工程建设任务，体现了建设工程管理的（　　）。

A. 服务性　　B. 阶段性

C. 必要性　　D. 强制性

6.【单选】工程监理单位组建项目监理机构，按照工作计划和程序，根据自己的判断，采用科学的方法和手段开展工程监理工作，这是建设工程监理（　　）的具体表现。

A. 服务性　　B. 科学性

C. 独立性　　D. 公平性

7.【单选】建设工程监理应有一套健全的管理制度和先进的管理方法，这是工程监理（　　）的具体表现。

A. 服务性　　B. 独立性

C. 科学性　　D. 公平性

8.【单选】监理单位在建设工程监理工作中体现公平性要求的是（　　）。

A. 维护建设单位的合法权益时，不损害施工单位的合法权益

B. 协助建设单位实现其投资目标，力求在计划的目标内建成工程

C. 按照委托监理合同的规定，为建设单位提供管理服务

D. 建立健全管理制度，配备有丰富管理经验和应变能力的监理工程师

9.【多选】下列关于建设工程监理性质的说法，正确的有（　　）。

A. 服务性　　B. 科学性

C. 独立性　　D. 公平性

E. 公益性

考点 2 建设工程监理的法律地位和责任

10.【单选】根据《建设工程监理范围和规模标准规定》，总投资额为 2 500 万元的（　　）项目必须实行监理。

A. 供水工程　　B. 邮政通信

C. 生态环境保护　　D. 体育场馆

11.【单选】根据《建设工程监理范围和规模标准规定》，可不实行监理的工程是总投资额为 3 000 万元以下的（　　）。

A. 学校　　B. 体育场

C. 影剧院　　D. 商场

12.【单选】根据《建设工程监理范围和规模标准规定》，总投资额在（　　）万元以上的大中型公用事业工程必须实行监理。

A. 2 000　　B. 2 500

C. 3 000　　D. 3 500

13.【单选】根据《建筑法》，国家推行建筑工程监理制度，（　　）可以规定实行强制监理

的建筑工程的范围。

A. 国务院

B. 国家建设行政主管部门

C. 省级人民政府

D. 行业主管部门

14. 【单选】根据《建筑法》，监理人员发现设计文件不符合工程质量标准时，正确的做法是（　　）。

A. 报告建设单位要求设计单位改正

B. 要求施工单位修改图纸

C. 要求设计人员改正

D. 报告施工图审查机构要求设计单位改正

15. 【单选】根据《建设工程监理范围和规模标准规定》，必须实行监理的住宅小区工程是指建筑面积在（　　）以上的住宅建设工程。

A. 5 万 m^2　　B. 7 万 m^2

C. 9 万 m^2　　D. 10 万 m^2

16. 【单选】根据《建设工程质量管理条例》，工程监理单位转让工程监理业务的，应责令改正，没收违法所得，处合同约定的监理酬金（　　）的罚款。

A. 10%以上 20%以下

B. 15%以上 25%以下

C. 20%以上 30%以下

D. 25%以上 50%以下

17. 【单选】根据《建设工程安全生产管理条例》，工程监理单位未对施工组织设计中的安全技术措施或专项施工方案进行审查的，责令限期改正；逾期未改正的，责令停业整顿，并处（　　）的罚款。

A. 3 万元以上 10 万元以下

B. 10 万元以上 20 万元以下

C. 10 万元以上 30 万元以下

D. 20 万元以上 30 万元以下

18. 【多选】自建设工程监理制度实施以来，通过颁布有关法律、行政法规、部门规章等，明确了（　　），逐步确立了建设工程监理的法律地位。

A. 工程监理单位的职责

B. 建设单位委托工程监理单位的职责

C. 建设单位授权工程监理单位的范围

D. 工程监理人员的职责

E. 强制实施监理的工程范围

19. 【单选】项目总投资额在（　　）万元以上的天然气、新能源项目必须实行监理。

A. 1 500　　B. 2 000

C. 3 000　　D. 4 000

20. 【单选】根据《建设工程监理范围和规模标准规定》，下列工程项目中必须实行监理的是（　　）。

A. 总投资额为1亿元的服装厂改建项目

B. 总投资额为400万美元的联合国环境署援助项目

C. 总投资额为2 500万元的垃圾处理项目

D. 建筑面积为4万 m^2 的住宅建设项目

21. 【多选】根据《建设工程监理范围和规模标准规定》，下列项目中必须实行监理的有（　　）。

A. 使用国外政府援助资金的项目

B. 投资额为2 000万元的公路项目

C. 建筑面积为3万 m^2 的住宅小区项目

D. 投资额为1 000万元的学校项目

E. 投资额为3 500万元的医院项目

22. 【单选】根据《建设工程质量管理条例》，监理工程师因过错造成重大质量事故的，吊销执业资格证书，（　　）年内不予注册。

A. 1　　B. 3

C. 5　　D. 7

23. 【多选】《建筑法》规定，工程监理人员认为工程施工不符合（　　）的，有权要求建筑施工企业改正。

A. 工程设计规范　　B. 工程设计要求

C. 施工技术标准　　D. 施工成本计划

E. 承包合同约定

24. 【单选】根据《建设工程质量管理条例》，工程监理单位超越本单位资质等级承揽工程的，将被处以合同约定监理酬金（　　）的罚款。

A. 2倍以上5倍以下

B. 3倍以上5倍以下

C. 1倍以上3倍以下

D. 1倍以上2倍以下

25. 【多选】根据《建设工程质量管理条例》，责令工程监理单位停止违法行为，并处合同约定的监理酬金1倍以上2倍以下罚款的情形有（　　）。

扫码听课

A. 超越本单位资质等级承揽工程

B. 与施工单位串通降低工程质量

C. 将不合格工程按照合格签字

D. 允许其他单位以本单位名义承揽工程

E. 将所承揽的监理业务转让给其他单位

26. 【单选】根据《建设工程质量管理条例》，工程监理单位与建设单位串通、弄虚作假、降

低工程质量的，责令改正，并对监理单位处（　　）的罚款。

A. 10 万元以上 20 万元以下

B. 10 万元以上 30 万元以下

C. 30 万元以上 50 万元以下

D. 50 万元以上 100 万元以下

第二节　建设工程监理相关制度

➢ **重难点：**

1. 项目法人的设立及职权。

2. 必须招标的工程项目。

考点 1　项目法人责任制

1. **【单选】**下列关于项目法人责任制和项目法人的说法，正确的是（　　）。

A. 项目法人对项目建设实施承担责任，对项目生产经营不承担责任

B. 项目法人责任制的核心内容是项目法人承担投资风险

C. 项目法人须在申报项目可行性研究报告前正式成立

D. 新上项目在项目建议书被批准后成立项目法人

2. **【多选】**实行建设项目法人责任制的项目中，项目总经理的职权有（　　）。

A. 上报项目初步设计

B. 编制和确定招标方案

C. 编制项目年度投资计划

D. 提出项目开工报告

E. 提出项目后评价报告

3. **【多选】**根据建设项目法人责任制有关规定，项目总经理的职权包括（　　）。

A. 组织编制项目初步设计文件

B. 上报项目初步设计和概算文件

C. 编制和确定招标方案

D. 组织工程建设实施

E. 提出项目竣工验收申请报告

4. **【单选】**建设项目法人责任制的核心内容是明确由项目法人（　　）。

A. 组织工程建设　　　　B. 策划工程项目

C. 负责生产经营　　　　D. 承担投资风险

5. **【单选】**对于实施项目法人责任制的项目，正式成立项目法人的时间是在（　　）后。

A. 项目建议书被批准　　　　B. 初步设计文件被批准

C. 项目可行性研究报告被批准　　D. 施工图设计文件通过审查

6. 【多选】根据项目法人责任制的有关要求，项目董事会的职权包括（　　）。

A. 审核项目的初步设计和概算文件

B. 编制项目财务预算、决算

C. 研究解决建设过程中出现的重大问题

D. 确定招标方案、标底

E. 组织项目后评价

7. 【单选】对于实行项目法人责任制的项目，项目董事会的职权是（　　）。

A. 编制年度投资计划

B. 确定中标单位

C. 提出项目开工报告

D. 组织项目后评价

8. 【单选】对于实行项目法人责任制的项目，属于项目总经理职权的是（　　）。

A. 提出项目开工报告

B. 提出项目竣工验收申请报告

C. 编制归还贷款和其他债务计划

D. 聘任或解聘项目高级管理人员

9. 【单选】工程监理企业组织形式中，由（　　）决定聘任或者解聘有限责任公司的经理。

A. 股东会　　B. 监事会

C. 董事会　　D. 项目监理机构

10. 【单选】关于项目法人责任制的说法，正确的是（　　）。

A. 项目法人责任制的核心内容是明确由项目法人承担投资风险

B. 项目可行性研究报告批准前，应正式设立项目法人

C. 原有企业投资建设的基建项目，需新设立子公司的，无须重新设立项目法人

D. 项目董事会负责确定招标方案、标底和评标标准

考点 2　招标投标制

11. 【多选】根据《必须招标的工程项目规定》，下列使用国有资金的项目中，必须进行招标的有（　　）。

A. 施工单项合同估算价为 450 万元人民币的项目

B. 设计单项合同估算价为 150 万元人民币的项目

C. 监理单项合同估算价为 50 万元人民币的项目

D. 工程材料采购单项合同估算价为 300 万元人民币的项目

E. 重要设备采购单项合同估算价为 100 万元人民币的项目

12. 【单选】根据《必须招标的工程项目规定》，全部或者部分使用国有资金投资或者国家融资的项目是指（　　）。

A. 使用预算资金 250 万元人民币的项目

B. 使用预算资金 200 万元人民币以上，且该资金占投资额 10%以上的项目

C. 使用预算资金 350 万元人民币的项目

D. 使用预算资金 250 万元人民币以上，或该资金占投资额 15%以上的项目

13. **【多选】**根据《必须招标的工程项目规定》，下列属于必须招标的基础设施和公用事业项目的有（　　）。

A. 新能源设施项目

B. 公共航空运输基础设施项目

C. 电信枢纽基础设施项目

D. 中小学校项目

E. 医院项目

14. **【单选】**根据《必须招标的工程项目规定》，下列工程中必须招标的是（　　）。

A. 监理单位合同估算价为 80 万元人民币的项目

B. 施工单项合同估算价为 300 万元人民币的项目

C. 重要设备采购单项合同估算价为 150 万元人民币的项目

D. 工程设计单位合同估算价为 110 万元人民币的项目

考点 3 合同管理制

15. **【单选】**下列关于工程监理制和合同管理制两者关系的说法，正确的是（　　）。

A. 合同管理制是实行工程监理制的重要保证

B. 合同管理制是实行工程监理制的必要条件

C. 合同管理制是实行工程监理制的充分条件

D. 合同管理制是实行工程监理制的充分必要条件

16. **【单选】**建设工程施工合同无效，且建设工程经验收不合格的，下列说法正确的是（　　）。

A. 修复后的建设工程经验收合格的，发包人承担修复费用

B. 修复后的建设工程经验收不合格的，承包人无权请求参照合同关于工程价款的约定折价补偿

C. 修复后的建设工程经验收合格的，发包人和承包人共同承担修复费用

D. 修复后的建设工程经验收不合格的，承包人可以请求参照合同关于工程价款的约定折价补偿

参考答案及解析

第一章　建设工程监理制度

第一节　建设工程监理性质及法律地位

考点 1　建设工程监理涵义及性质

1. **【答案】** C

【解析】 根据《建设工程监理规范》，建设工程监理基本职责是在建设单位委托授权范围内，通过合同管理和信息管理，以及协调工程建设相关方关系，控制建设工程质量、造价和进度三大目标，即“三控两管一协调”。

2. **【答案】** B

【解析】 建设工程监理定位于工程施工阶段，工程监理单位受建设单位委托，按照建设工程监理合同约定，在工程勘察、设计、保修等阶段提供的服务活动均为相关服务。工程监理单位可以拓展自身的经营范围，为建设单位提供投资决策综合性咨询、工程建设全过程咨询乃至全过程工程咨询。

3. **【答案】** D

【解析】 工程监理单位的基本职责是在建设单位委托授权范围内，通过合同管理和信息管理，以及协调工程建设相关方关系，控制建设工程质量、造价和进度三大目标，即“三控两管一协调”。此外，还需履行建设工程安全生产管理的法定职责，这是《建设工程安全生产管理条例》赋予工程监理单位的社会责任。

4. **【答案】** A

【解析】《建筑法》明确规定，建设单位与其委托的工程监理单位应当以书面形式订立建设工程监理合同。也就是说，工程监理的实施需要建设单位的委托和授权。工程监理单位在委托监理的工程中拥有一定管理权限，是建设单位授权的结果。

5. **【答案】** A

【解析】 工程监理单位的服务对象是建设单位，但不能完全取代建设单位的管理活动。工程监理单位不具有工程建设重大问题的决策权，只能在建设单位授权范围内采用规划、控制、协调等方法，控制建设工程质量、造价和进度，并履行建设工程安全生产管理的监理职责，协助建设单位在计划目标内完成工程建设任务。

6. **【答案】** C

【解析】 按照独立性要求，工程监理单位应严格按照法律法规、工程建设标准、勘察设计文件、建设工程监理合同及有关建设工程合同等实施监理。在建设工程监理工作过程中，必须建立项目监理机构，按照自己的工作计划和程序，根据自己的判断，采用科学的方法和手段，独立地开展工作。

7.【答案】C

【解析】为了满足建设工程监理实际工作需求，工程监理单位应由组织管理能力强、工程建设经验丰富的人员担任领导；应有足够数量的、有丰富管理经验和较强应变能力的监理工程师组成的骨干队伍；应有健全的管理制度、科学的管理方法和手段；应积累丰富的技术、经济资料和数据；应有科学的工作态度和严谨的工作作风，能够创造性地开展工作。

8.【答案】A

【解析】公平性是建设工程监理行业能够长期生存和发展的基本职业道德准则。特别是当建设单位与施工单位发生利益冲突或者矛盾时，工程监理单位应以事实为依据，以法律法规和有关合同为准绳，在维护建设单位合法权益的同时，不能损害施工单位的合法权益。

9.【答案】ABCD

【解析】建设工程监理的性质可概括为服务性、科学性、独立性和公平性四个方面。

考点 2　建设工程监理的法律地位和责任

10.【答案】D

【解析】国家规定必须实行监理的其他工程是指：①项目总投资额在 3 000 万元以上关系社会公共利益、公众安全的下列基础设施项目：煤炭、石油、化工、天然气、电力、新能源等项目；铁路、公路、管道、水运、民航以及其他交通运输业等项目；邮政、电信枢纽、通信、信息网络等项目；防洪、灌溉、排涝、发电、引（供）水、滩涂治理、水资源保护、水土保持等水利建设项目；道路、桥梁、地铁和轻轨交通、污水排放及处理、垃圾处理、地下管道、公共停车场等城市基础设施项目；生态环境保护项目；其他基础设施项目。②学校、影剧院、体育场馆项目。

11.【答案】D

【解析】国家规定必须实行监理的其他工程是指：①项目总投资额在 3 000 万元以上关系社会公共利益、公众安全的下列基础设施项目：煤炭、石油、化工、天然气、电力、新能源等项目；铁路、公路、管道、水运、民航以及其他交通运输业等项目；邮政、电信枢纽、通信、信息网络等项目；防洪、灌溉、排涝、发电、引（供）水、滩涂治理、水资源保护、水土保持等水利建设项目；道路、桥梁、地铁和轻轨交通、污水排放及处理、垃圾处理、地下管道、公共停车场等城市基础设施项目；生态环境保护项目；其他基础设施项目。②学校、影剧院、体育场馆项目。

12.【答案】C

【解析】根据《建设工程监理范围和规模标准规定》，必须实行监理的大中型公用事业工程是指项目总投资额在 3 000 万元以上的下列工程：①供水、供电、供气、供热等市政工程项目；②科技、教育、文化等项目；③体育、旅游、商业等项目；④卫生、社会福利等项目；⑤其他公用事业项目。

13.【答案】A

【解析】根据《建筑法》，国家推行建筑工程监理制度，国务院可以规定实行强制监理的建筑工程的范围。

14.【答案】A

【解析】根据《建筑法》，监理人员认为工程施工不符合工程设计要求、施工技术标准和合同约定的，有权要求建筑施工企业改正；工程监理人员发现工程设计不符合建筑工程质量标准或者合同约定的质量要求的，应当报告建设单位要求设计单位改正。

15.【答案】A

【解析】根据《建设工程监理范围和规模标准规定》，建筑面积在5万m^2以上的住宅建设工程必须实行监理；5万m^2以下的住宅建设工程，可以实行监理，具体范围和规模标准由省、自治区、直辖市人民政府建设行政主管部门规定。

16.【答案】D

【解析】根据《建设工程质量管理条例》，工程监理单位转让工程监理业务的，应责令改正，没收违法所得，处合同约定的监理酬金25%以上50%以下的罚款。

17.【答案】C

【解析】根据《建设工程安全生产管理条例》，工程监理单位有下列行为之一的，责令限期改正；逾期未改正的，责令停业整顿，并处10万元以上30万元以下的罚款：①未对施工组织设计中的安全技术措施或者专项施工方案进行审查的；②发现安全事故隐患未及时要求施工单位整改或者暂时停止施工的；③施工单位拒不整改或者不停止施工，未及时向有关主管部门报告的；④未依照法律、法规和工程建设强制性标准实施监理的。

18.【答案】ABDE

【解析】自建设工程监理制度实施以来，有关法律、行政法规、部门规章等逐步明确了建设工程监理的法律地位：①明确了强制实施监理的工程范围；②明确了建设单位委托工程监理单位的职责；③明确了工程监理单位的职责；④明确了工程监理人员的职责。

19.【答案】C

【解析】根据《建设工程监理范围和规模标准规定》，项目总投资额在3 000万元以上关系社会公共利益、公众安全的下列基础设施项目必须实行监理：①煤炭、石油、化工、天然气、电力、新能源等项目；②铁路、公路、管道、水运、民航以及其他交通运输业等项目；③邮政、电信枢纽、通信、信息网络等项目；④防洪、灌溉、排涝、发电、引（供）水、滩涂治理、水资源保护、水土保持等水利建设项目；⑤道路、桥梁、地铁和轻轨交通、污水排放及处理、垃圾处理、地下管道、公共停车场等城市基础设施项目；⑥生态环境保护项目；⑦其他基础设施项目。

20.【答案】B

【解析】选项A错误、选项B正确，根据《建设工程质量管理条例》，以下工程必须实行监理：①国家重点建设工程；②大中型公用事业工程；③成片开发建设的住宅小区工程；④利用外国政府或者国际组织贷款、援助资金的工程；⑤国家规定的必须实行监理的其他工程。根据《建设工程监理范围和规模标准规定》，国家规定的必须实行监理的其他工程包括项目总投资额在3 000万元以上关系社会公共利益、公众安全的基础设施项目，以及学校、影剧院、体育场馆项目。选项C错误，总投资额在3 000万元以上的垃圾处理项目必须实行监理。选项D错误，建筑面积在5万m^2以上的住宅建设工程必须实行监理。

21. **【答案】**ADE

【解析】选项B错误，项目总投资额在3 000万元以上的道路、桥梁等项目必须实行监理。选项C错误，建筑面积在5万m^2以上的住宅建设工程必须实行监理。

22. **【答案】**C

【解析】根据《建设工程质量管理条例》，监理工程师因过错造成质量事故的，责令停止执业1年；造成重大质量事故的，吊销执业资格证书，5年以内不予注册；情节特别恶劣的，终身不予注册。

23. **【答案】**BCE

【解析】根据《建筑法》，工程监理人员认为工程施工不符合工程设计要求、施工技术标准和合同约定的，有权要求建筑施工企业改正。工程监理人员发现工程设计不符合建筑工程质量标准或者合同约定的质量要求的，应当报告建设单位要求设计单位改正。

24. **【答案】**D

【解析】根据《建设工程质量管理条例》，工程监理单位有下列行为的，责令停止违法行为或改正，处合同约定的监理酬金1倍以上2倍以下的罚款，可以责令停业整顿，降低资质等级；情节严重的，吊销资质证书：①超越本单位资质等级承揽工程的；②允许其他单位或者个人以本单位名义承揽工程的。

25. **【答案】**AD

【解析】根据《建设工程质量管理条例》，工程监理单位有下列行为的，责令停止违法行为或改正，处合同约定的监理酬金1倍以上2倍以下的罚款，可以责令停业整顿，降低资质等级；情节严重的，吊销资质证书：①超越本单位资质等级承揽工程的；②允许其他单位或者个人以本单位名义承揽工程的。

26. **【答案】**D

【解析】工程监理单位有下列行为之一的，责令改正，处50万元以上100万元以下的罚款，降低资质等级或者吊销资质证书；有违法所得的，予以没收；造成损失的，承担连带赔偿责任：①与建设单位或者施工单位串通，弄虚作假、降低工程质量的；②将不合格的建设工程、建筑材料、建筑构配件和设备按照合格签字的。

第二节　建设工程监理相关制度

考点1　项目法人责任制

1. **【答案】**B

【解析】选项A错误，对于经营性政府投资工程需实行项目法人责任制，由项目法人对项目的策划、资金筹措、建设实施、生产经营、债务偿还和资产的保值增值，实行全过程负责。选项C错误，有关单位在申报项目可行性研究报告时，须同时提出项目法人的组建方案。选项D错误，在项目可行性研究报告被批准后，应正式成立项目法人。

2.【答案】BCE

【解析】项目总经理的职权有：①组织编制项目初步设计文件，对项目工艺流程、设备选型、建设标准、总图布置提出意见，提交董事会审查；②组织工程设计、施工监理、施工队伍和设备材料采购的招标工作，编制和确定招标方案、标底和评标标准，评选和确定投标、中标单位；③编制并组织实施项目年度投资计划、用款计划、建设进度计划；④编制项目财务预算、决算；⑤编制并组织实施归还贷款和其他债务计划；⑥组织工程建设实施，负责控制工程投资、工期和质量；⑦在项目建设过程中，在批准的概算范围内对单项工程的设计进行局部调整（凡引起生产性质、能力、产品品种和标准变化的设计调整以及概算调整，需经董事会决定并报原审批单位批准）；⑧根据董事会授权处理项目实施中的重大紧急事件，并及时向董事会报告；⑨负责生产准备工作和培训有关人员；⑩负责组织项目试生产和单项工程预验收；⑪拟订生产经营计划、企业内部机构设置、劳动定员定额方案及工资福利方案；⑫组织项目后评价，提出项目后评价报告；⑬按时向有关部门报送项目建设、生产信息和统计资料；⑭提请董事会聘任或解聘项目高级管理人员。选项A、D属于项目董事会的职权。

3.【答案】ACD

【解析】项目总经理的职权有：①组织编制项目初步设计文件，对项目工艺流程、设备选型、建设标准、总图布置提出意见，提交董事会审查；②组织工程设计、施工监理、施工队伍和设备材料采购的招标工作，编制和确定招标方案、标底和评标标准，评选和确定投标、中标单位；③编制并组织实施项目年度投资计划、用款计划、建设进度计划；④编制项目财务预算、决算；⑤编制并组织实施归还贷款和其他债务计划；⑥组织工程建设实施，负责控制工程投资、工期和质量；⑦在项目建设过程中，在批准的概算范围内对单项工程的设计进行局部调整；⑧根据董事会授权处理项目实施中的重大紧急事件，并及时向董事会报告；⑨负责生产准备工作和培训有关人员；⑩负责组织项目试生产和单项工程预验收；⑪拟订生产经营计划、企业内部机构设置、劳动定员定额方案及工资福利方案；⑫组织项目后评价，提出项目后评价报告；⑬按时向有关部门报送项目建设、生产信息和统计资料；⑭提请董事会聘任或解聘项目高级管理人员。选项B、E属于项目董事会的职权。

4.【答案】D

【解析】为了建立投资约束机制，规范建设单位行为，对于经营性政府投资工程需实行项目法人责任制，由项目法人对项目的策划、资金筹措、建设实施、生产经营、债务偿还和资产的保值增值，实行全过程负责。项目法人责任制的核心内容是明确由项目法人承担投资风险，项目法人要对工程项目的建设及建成后的生产经营实行一条龙的管理和全面的负责。

5.【答案】C

【解析】新上项目在项目建议书被批准后，应由项目的投资方派代表组成项目法人筹备

组，具体负责项目法人的筹建工作。有关单位在申报项目可行性研究报告时，须同时提出项目法人的组建方案，否则，其可行性研究报告将不予审批。在项目可行性研究报告被批准后，应正式成立项目法人。按有关规定确保资本金按时到位，并及时办理公司设立登记。

6.【答案】AC

【解析】项目董事会的职权有：①负责筹措建设资金；②审核、上报项目初步设计和概算文件；③审核、上报年度投资计划并落实年度资金；④提出项目开工报告；⑤研究解决建设过程中出现的重大问题；⑥负责提出项目竣工验收申请报告；⑦审定偿还债务计划和生产经营方针，并负责按时偿还债务；⑧聘任或解聘项目总经理，并根据总经理的提名，聘任或解聘其他高级管理人员。

7.【答案】C

【解析】项目董事会的职权有：①负责筹措建设资金；②审核、上报项目初步设计和概算文件；③审核、上报年度投资计划并落实年度资金；④提出项目开工报告；⑤研究解决建设过程中出现的重大问题；⑥负责提出项目竣工验收申请报告；⑦审定偿还债务计划和生产经营方针，并负责按时偿还债务；⑧聘任或解聘项目总经理，并根据总经理的提名，聘任或解聘其他高级管理人员。

8.【答案】C

【解析】项目总经理的职权有：①组织编制项目初步设计文件，对项目工艺流程、设备选型、建设标准、总图布置提出意见，提交董事会审查；②组织工程设计、施工监理、施工队伍和设备材料采购的招标工作，编制和确定招标方案、标底和评标标准，评选和确定投标、中标单位；③编制并组织实施项目年度投资计划、用款计划、建设进度计划；④编制项目财务预算、决算；⑤编制并组织实施归还贷款和其他债务计划；⑥组织工程建设实施，负责控制工程投资、工期和质量；⑦在项目建设过程中，在批准的概算范围内对单项工程的设计进行局部调整；⑧根据董事会授权处理项目实施中的重大紧急事件，并及时向董事会报告；⑨负责生产准备工作和培训有关人员；⑩负责组织项目试生产和单项工程预验收；⑪拟订生产经营计划、企业内部机构设置、劳动定员定额方案及工资福利方案；⑫组织项目后评价，提出项目后评价报告；⑬按时向有关部门报送项目建设、生产信息和统计资料；⑭提请董事会聘任或解聘项目高级管理人员。

9.【答案】C

【解析】项目董事会的职权有：①负责筹措建设资金；②审核、上报项目初步设计和概算文件；③审核、上报年度投资计划并落实年度资金；④提出项目开工报告；⑤研究解决建设过程中出现的重大问题；⑥负责提出项目竣工验收申请报告；⑦审定偿还债务计划和生产经营方针，并负责按时偿还债务；⑧聘任或解聘项目总经理，并根据总经理的提名，聘任或解聘其他高级管理人员。

10.【答案】A

【解析】选项B错误，在项目可行性研究报告被批准后，应正式成立项目法人。选项C错误，原有企业负责建设的大中型基建项目，需新设立子公司的，要重新设立项目法人；只设分公司或分厂的，原企业法人即是项目法人。选项D错误，项目总经理负责编制和确定招标方案、标底和评标标准，评选和确定投标、中标单位。

考点 2 招标投标制

11. 【答案】ABD

【解析】根据《必须招标的工程项目规定》，对规定范围内的项目，其勘察、设计、施工、监理以及与工程建设有关的重要设备、材料等的采购达到下列标准之一的，必须进行招标：①施工单项合同估算价在400万元人民币以上；②重要设备、材料等货物的采购，单项合同估算价在200万元人民币以上；③勘察、设计、监理等服务的采购，单项合同估算价在100万元人民币以上。

12. 【答案】B

【解析】根据《必须招标的工程项目规定》，全部或者部分使用国有资金投资或者国家融资的项目是指使用预算资金200万元人民币以上，且该资金占投资额10%以上的项目。

13. 【答案】ABC

【解析】大型基础设施、公用事业等关系社会公共利益、公众安全的项目，必须招标的具体范围包括：①煤炭、石油、天然气、电力、新能源等能源基础设施项目；②铁路、公路、管道、水运，以及公共航空和A1级通用机场等交通运输基础设施项目；③电信枢纽、通信信息网络等通信基础设施项目；④防洪、灌溉、排涝、引（供）水等水利基础设施项目；⑤城市轨道交通等城建项目。

14. 【答案】D

【解析】对于《必须招标的工程项目规定》规定范围内的项目，其勘察、设计、施工、监理以及与工程建设有关的重要设备、材料等的采购达到下列标准之一的，必须招标：①施工单项合同估算价在400万元人民币以上；②重要设备、材料等货物的采购，单项合同估算价在200万元人民币以上；③勘察、设计、监理等服务的采购，单项合同估算价在100万元人民币以上。

考点 3 合同管理制

15. 【答案】A

【解析】合同管理制是实行工程监理制的重要保证。工程监理制是落实合同管理制的重要保障。

16. 【答案】B

【解析】建设工程施工合同无效，但建设工程经验收合格的，可以参照合同关于工程价款的约定折价补偿承包人。建设工程施工合同无效，且建设工程经验收不合格的，按照以下情形处理：①修复后的建设工程经验收合格的，发包人可以请求承包人承担修复费用；②修复后的建设工程经验收不合格的，承包人无权请求参照合同关于工程价款的约定折价补偿。发包人对因建设工程不合格造成的损失有过错的，应当承担相应的责任。

第二章　工程建设程序及组织实施模式

第一节　工程建设程序

➢ **重难点：**

1. 投资决策阶段工作内容（项目建议书的内容及投资决策管理制度）。
2. 建设实施阶段工作内容（勘察设计、建设准备、施工安装）。

考点 1　投资决策阶段工作内容

1. **【多选】** 项目建议书是拟建项目单位向政府投资主管部门提出的要求建设某一工程项目的建议文件，应包括的内容有（　　）。

A. 项目提出的必要性和依据

B. 项目社会稳定性风险评估

C. 项目建设地点的初步设想

D. 项目的进度安排

E. 项目融资风险分析

2. **【单选】** 下列关于项目建议书的说法，正确的是（　　）。

A. 所有建设项目必须编制项目建议书，并报有关部门审批

B. 项目建议书经批准后，表明该项目非上不可

C. 批准的项目建议书是工程项目的最终决策，不得更改

D. 项目建议书的主要作用是推荐一个拟建项目，论述其建设的必要性

3. **【单选】** 下列关于可行性研究报告的说法，正确的是（　　）。

A. 在工程项目决策之后进行可行性研究

B. 可行性研究工作完成后，需要编写出反映重要工作成果的“可行性研究报告”

C. 凡经可行性研究未通过的项目，不得进行下一步工作

D. 可行性研究需要完成环境影响的初步评价

4. **【单选】** 根据《国务院关于投资体制改革的决定》，采用直接投资的政府投资项目，除特殊情况外，不再审批（　　）。

A. 项目可行性研究报告　　　　B. 资金申请报告

C. 初步设计和概算　　D. 开工报告

5. 【单选】根据《国务院关于投资体制改革的决定》，采用贷款贴息方式的政府投资工程，政府需要从投资的角度审批（　　）。

A. 项目建设书

B. 可行性研究报告

C. 初步设计和概算

D. 资金申请报告

6. 【单选】根据《国务院关于投资体制改革的决定》，对于企业投资《政府核准的投资项目目录》以外的项目，投资决策实行的制度是（　　）。

A. 审批制　　B. 核准制

C. 登记备案制　　D. 公示制

7. 【单选】根据《国务院关于投资体制改革的决定》，对于企业不使用政府资金投资建设的工程，将区别不同情况实行（　　）。

A. 核准制或登记备案制

B. 公示制或登记备案制

C. 听证制或公示制

D. 听证制或核准制

8. 【单选】根据《国务院关于投资体制改革的决定》，下列关于投资决策管理的说法，正确的是（　　）。

A. 采用贷款贴息的政府投资工程需审批开工报告

B. 非政府投资工程需审批可行性研究报告

C. 采用投资补助的政府投资工程需审批工程概算

D. 非政府投资工程不需审批开工报告

9. 【单选】根据《国务院关于投资体制改革的决定》，对于需要政府核准的投资项目，投资决策阶段需向政府提交的文件是（　　）。

A. 项目申请报告　　B. 项目建议书

C. 初步设计概算　　D. 开工报告

10. 【单选】工程项目可行性研究应完成的工作内容是（　　）。

A. 进行项目的经济分析和财务评价

B. 编制工程概算

C. 提出拟建规模的初步设想

D. 进行环境影响的初步评价

11. 【单选】对于政府投资项目，不属于可行性研究应完成的工作是（　　）。

A. 进行市场研究

B. 进行工艺技术方案研究

C. 进行环境影响的初步评价

D. 进行财务和经济分析

扫码听课

12. 【多选】项目建议书的内容包括（　　）。
A. 项目提出的必要性和依据
B. 投资估算、资金筹措及还贷方案设想
C. 产品方案、拟建规模和建设地点的初步设想
D. 项目建设重点、难点的初步分析
E. 环境影响的初步评价

13. 【多选】政府核准机关审查项目申请报告的重点内容包括（　　）。
A. 项目符合产业政策的声明
B. 符合发展建设规划、产业政策和技术标准
C. 对生态虽有影响，但已承诺采取生态保护措施
D. 尽可能利用珍稀资源
E. 不影响经济安全、社会安全等国家安全

14. 【单选】根据《国务院关于投资体制改革的决定》，民营企业投资建设《政府核准的投资项目目录》中的项目时，需向政府提交（　　）。
A. 项目申请报告　　B. 可行性研究报告
C. 初步设计和概算　　D. 开工报告

15. 【单选】对于采用投资补助、转贷和贷款贴息方式的政府投资工程，只审批（　　）。
A. 项目建议书
B. 可行性研究报告
C. 资金申请报告
D. 初步设计和概算

16. 【多选】依据《国务院关于投资体制改革的决定》，对于采用直接投资和资本金注入方式的政府投资项目，政府需要从投资决策的角度审批（　　）。
A. 项目建议书　　B. 可行性研究报告
C. 开工报告　　D. 初步设计
E. 资金申请报告

17. 【单选】下列工作内容中，属于工程建设项目可行性研究内容的是（　　）。
A. 确定投资概算
B. 进行工艺技术方案研究
C. 确定发包方案
D. 提出拟建规模的初步设想

考点 2　建设实施阶段工作内容

18. 【单选】在建设工程勘察设计工作中，对于重大工程和技术复杂工程，可根据需要增加（　　）阶段。
A. 详细勘察　　B. 方案设计
C. 技术设计　　D. 施工图审查

19. 【单选】根据《房屋建筑和市政基础设施工程施工图设计文件审查管理办法》，施工图审查机构需要审查的内容是（　　）。

A. 施工人员及设备配置的确定性

B. 地基基础和主体结构的稳定性

C. 工程建设强制性标准的符合性

D. 注册执业人员合格的符合性

20. 【单选】建设单位在办理工程质量监督注册手续时不需提供的资料是（　　）。

A. 施工图设计文件审查报告和批准书

B. 中标通知书和施工、监理合同

C. 施工组织设计和监理规划

D. 施工现场的施工图纸

21. 【单选】办理工程质量监督手续时需提供的文件是（　　）。

A. 施工图设计文件　　B. 施工组织设计文件

C. 监理单位质量管理体系文件　　D. 建筑工程用地审批文件

22. 【单选】工程项目初步设计提出的总概算超过可行性研究报告确定的总投资（　　）以上时，应重新向原审批单位报批可行性研究报告。

A. 3%　　B. 5%

C. 10%　　D. 15%

23. 【单选】建设工程自办理竣工验收手续后，发现存在工程质量缺陷的，修复费用由（　　）承担。

A. 建设单位　　B. 施工单位

C. 责任方　　D. 监理单位

24. 【多选】根据《房屋建筑和市政基础设施工程施工图设计文件审查管理办法》，审查施工图设计文件的主要内容包括（　　）。

A. 结构选型是否经济合理

B. 地基基础的安全性

C. 主体结构的安全性

D. 勘察设计企业是否按规定在施工图上盖章

E. 注册执业人员是否按规定在施工图上签字，并加盖执业印章

25. 【多选】工程项目在开工建设之前要切实做好各项准备工作，其主要内容包括（　　）。

A. 准备必要的施工图纸　　B. 办理施工许可手续

C. 组建生产管理机构　　D. 办理工程质量监督手续

E. 审查施工图设计文件

26. 【单选】建设单位在办理工程质量监督注册手续时不需提供的资料是（　　）。

A. 施工图设计文件　　B. 中标通知书

C. 施工合同　　D. 监理规划

27. **【多选】**实施监理的工程，办理工程质量监督注册手续需提供的资料有（　　）。
A. 必要的施工图纸
B. 施工图设计文件审查报告和批准书
C. 中标通知书和施工、监理合同
D. 建设单位、施工单位和监理单位工程项目负责人和机构组成
E. 施工组织设计和监理规划（监理实施细则）

28. **【单选】**建设工程开工时间是指工程设计文件中规定的任何一项永久性工程的（　　）开始日期。
A. 地质勘察　　B. 场地旧建筑物拆除
C. 施工用临时道路施工　　D. 第一次正式破土开槽

第二节　工程建设组织实施模式

➤ **重难点：**
1. 全过程工程咨询的含义、特点和本质。
2. 工程总承包模式的特点。

考点 1　全过程工程咨询

1. **【多选】**工程监理企业发展为全过程工程咨询企业，需要作出的努力有（　　）。
A. 加强市场的宣传力度　　B. 优化调整企业组织结构
C. 加大人才培养引进力度　　D. 创新工程咨询服务模式
E. 重视知识管理平台建设

2. **【单选】**下列关于全过程工程咨询的说法，正确的是（　　）。
A. 全过程工程咨询侧重于工程建设实施阶段
B. 全过程工程咨询侧重于管理咨询
C. 全过程工程咨询是一种制度
D. 全过程工程咨询是一种智力性服务

3. **【多选】**与传统“碎片化”咨询相比，全过程工程咨询具有的特点包括（　　）。
A. 全过程工程咨询不适用跨国工程项目
B. 咨询服务范围广
C. 强调智力性策划
D. 全过程工程咨询可替代工程监理
E. 实施多阶段集成

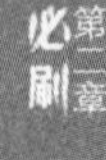

考点 2 工程总承包

4. **【多选】** 采用工程总承包模式的特点有（　　）。

A. 不利于缩短建设工期　　B. 有利于控制工程质量

C. 不便于较早确定工程造价　　D. 可减轻建设单位合同管理负担

E. 工程项目责任主体单一

参考答案及解析

第二章　工程建设程序及组织实施模式

第一节　工程建设程序

考点 1　**投资决策阶段工作内容**

1. 【答案】ACD

【解析】项目建议书一般应包括的内容有：①项目提出的必要性和依据；②产品方案、拟建规模和建设地点的初步设想；③资源情况、建设条件、协作关系和设备技术引进国别、厂商的初步分析；④投资估算、资金筹措及还贷方案设想；⑤项目进度安排；⑥经济效益和社会效益的初步估计；⑦环境影响的初步评价。

2. 【答案】D

【解析】选项 A 错误，对于政府投资工程，项目建议书按要求编制完成后，应根据建设规模和限额划分分别报送有关部门审批。选项 B、C 错误，项目建议书经批准后，可进行可行性研究工作，但并不表明项目非上不可，批准的项目建议书不是工程项目的最终决策。

3. 【答案】C

【解析】选项 A 错误，可行性研究是指在工程项目决策之前，通过调查、研究、分析建设工程在技术、经济等方面的条件和情况，对可能的多种方案进行比较论证，同时对工程建成后的综合效益进行预测和评价的一种投资决策分析活动。选项 B 错误，可行性研究工作完成后，需要编写出反映其全部工作成果的“可行性研究报告”。选项 D 错误，完成环境影响的初步评价属于项目建议书的内容。

4. 【答案】D

【解析】政府投资工程采用审批制，采用直接投资和资本金注入方式：政府需要从投资决策角度审批项目建议书和可行性研究报告，除特殊情况外，不再审批开工报告，同时还要严格审批其初步设计和概算。采用投资补助、转贷和贷款贴息方式：只审批资金申请报告。

5. 【答案】D

【解析】根据《国务院关于投资体制改革的决定》，对于采用直接投资和资本金注入方式的政府投资项目，从投资决策角度只审批项目建议书和可行性研究报告，除特殊情况外不再审批开工报告，同时还要严格审批其初步设计和概算；对于采用投资补助、转贷和贷款贴息方式的政府投资项目，则只审批资金申请报告。

6. 【答案】C

【解析】根据《国务院关于投资体制改革的决定》，对于《政府核准的投资项目目录》以外的企业投资项目，实行登记备案制。

7. **【答案】** A

【解析】 根据《国务院关于投资体制改革的决定》，政府投资工程实行审批制；非政府投资工程实行核准制或登记备案制。

8. **【答案】** D

【解析】 选项A、C错误，对于采用投资补助、转贷和贷款贴息方式的政府投资工程，只审批资金申请报告。选项B错误，对于企业不使用政府资金投资建设的工程，政府不再进行投资决策性质的审批，区别不同情况实行核准制或登记备案制。

9. **【答案】** A

【解析】 企业投资建设《政府核准的投资项目目录》中的项目时，仅需向政府提交项目申请报告，不再经过批准项目建议书、可行性研究报告和开工报告的程序。

10. **【答案】** A

【解析】 工程项目可行性研究应完成以下工作内容：①进行市场研究，以解决工程建设的必要性问题；②进行工艺技术方案研究，以解决工程建设的技术可行性问题；③进行财务和经济分析，以解决工程建设的经济合理性问题。

11. **【答案】** C

【解析】 工程项目可行性研究应完成以下工作内容：①进行市场研究，以解决工程建设的必要性问题；②进行工艺技术方案研究，以解决工程建设的技术可行性问题；③进行财务和经济分析，以解决工程建设的经济合理性问题。

12. **【答案】** ABCE

【解析】 项目建议书一般应包括：①项目提出的必要性和依据；②产品方案、拟建规模和建设地点的初步设想；③资源情况、建设条件、协作关系和设备技术引进国别、厂商的初步分析；④投资估算、资金筹措及还贷方案设想；⑤项目进度安排；⑥经济效益和社会效益的初步估计；⑦环境影响的初步评价。

13. **【答案】** BE

【解析】 项目申请报告应包括下列内容：①企业基本情况；②项目情况，包括项目名称、建设地点、建设规模、建设内容等；③项目资源利用情况分析和对生态环境的影响分析；④项目对经济和社会的影响分析。政府核准机关需要审查下列内容：①是否危害经济安全、社会安全、生态安全等国家安全；②是否符合相关发展建设规划、产业政策和技术标准；③是否合理开发并有效利用资源；④是否对重大公共利益产生不利影响。

14. **【答案】** A

【解析】 非政府投资工程实行核准制：企业投资建设《政府核准的投资项目目录》中的项目时，仅需向政府提交项目申请报告，不再经过批准项目建议书、可行性研究报告和开工报告的程序。实行登记备案制：《政府核准的投资项目目录》以外项目，由企业按照属地原则向地方政府投资主管部门备案。

15. **【答案】** C

【解析】 政府投资工程采用审批制，采用直接投资和资本金注入方式：政府需要从投资决策角度审批项目建议书和可行性研究报告，除特殊情况外，不再审批开工报告，同时还要严格审批其初步设计和概算。采用投资补助、转贷和贷款贴息方式：只审批资金申请报告。

16. **【答案】** ABD

【解析】 政府投资工程采用审批制，采用直接投资和资本金注入方式：政府需要从投资决策角度审批项目建议书和可行性研究报告，除特殊情况外，不再审批开工报告，同时还要严格审批其初步设计和概算。采用投资补助、转贷和贷款贴息方式：只审批资金申请报告。

17. **【答案】** B

【解析】 可行性研究应完成下列工作内容：①进行市场研究，以解决工程建设的必要性问题；②进行工艺技术方案研究，以解决工程建设的技术可行性问题；③进行财务和经济分析，以解决工程建设的经济合理性问题。

考点 2　建设实施阶段工作内容

18. **【答案】** C

【解析】 工程设计工作一般划分为两个阶段，即初步设计和施工图设计。重大工程和技术复杂工程，可根据需要增加技术设计阶段。

19. **【答案】** C

【解析】 审查机构应当对施工图审查下列内容：①是否符合工程建设强制性标准；②地基基础和主体结构的安全性；③消防安全性；④人防工程（不含人防指挥工程）防护安全性；⑤是否符合民用建筑节能强制性标准，对执行绿色建筑标准的项目，还应当审查是否符合绿色建筑标准；⑥勘察设计企业和注册执业人员以及相关人员是否按规定在施工图上加盖相应的图章和签字；⑦法律、法规、规章规定必须审查的其他内容。

20. **【答案】** D

【解析】 建设单位在开工前，应当按照国家有关规定办理工程质量监督手续，工程质量监督手续可以与施工许可证或者开工报告合并办理。办理质量监督注册手续时需提供下列资料：①施工图设计文件审查报告和批准书；②中标通知书和施工、监理合同；③建设单位、施工单位和监理单位工程项目的负责人和机构组成；④施工组织设计和监理规划（监理实施细则）；⑤其他需要的文件资料。

21. **【答案】** B

【解析】 建设单位在开工前，应当按照国家有关规定办理工程质量监督手续，工程质量监督手续可以与施工许可证或者开工报告合并办理。办理质量监督注册手续时需提供下列资料：①施工图设计文件审查报告和批准书；②中标通知书和施工、监理合同；③建设单位、施工单位和监理单位工程项目的负责人和机构组成；④施工组织设计和监理规划（监理实施细则）；⑤其他需要的文件资料。

22. **【答案】** C

【解析】 工程设计一般分为初步设计和施工图设计两个阶段。其中，初步设计不得随意改变被批准的可行性研究报告所确定的建设规模、产品方案、工程标准、建设地址和总投资等控制目标；如果初步设计提出的总概算超过可行性研究报告确定的总投资的10%以上或其他主要指标需要变更时，应说明原因和计算依据，并重新向原审批单位报批可行性研究报告。

23. **【答案】** C

【解析】 建设工程自竣工验收合格之日起即进入工程质量保修期（缺陷责任期）。建设工程自办理竣工验收手续后，发现存在工程质量缺陷的，应及时修复，费用由责任方承担。

24. **【答案】** BCDE

【解析】 根据《房屋建筑和市政基础设施工程施工图设计文件审查管理办法》，建设单位应当将施工图送施工图审查机构审查。审查的主要内容包括：①是否符合工程建设强制性标准；②地基基础和主体结构的安全性；③消防安全性；④人防工程（不含人防指挥工程）防护安全性；⑤是否符合民用建筑节能强制性标准，对执行绿色建筑标准的项目，还应当审查是否符合绿色建筑标准；⑥勘察设计企业和注册执业人员以及相关人员是否按规定在施工图上加盖相应的图章和签字；⑦其他法律、法规、规章规定必须审查的内容。

25. **【答案】** ABD

【解析】 工程项目在开工建设之前要切实做好各项准备工作，其主要内容包括：①征地、拆迁和场地平整；②完成施工用水、电、通信、道路等接通工作；③组织招标选择工程监理单位、施工单位及设备、材料供应商；④准备必要的施工图纸；⑤办理工程质量监督和施工许可手续。

26. **【答案】** A

【解析】 建设单位在开工前，应当按照国家有关规定办理工程质量监督手续，工程质量监督手续可以与施工许可证或者开工报告合并办理。办理质量监督注册手续时需提供下列资料：①施工图设计文件审查报告和批准书；②中标通知书和施工、监理合同；③建设单位、施工单位和监理单位工程项目的负责人和机构组成；④施工组织设计和监理规划（监理实施细则）；⑤其他需要的文件资料。

27. **【答案】** BCDE

【解析】 建设单位在开工前，应当按照国家有关规定办理工程质量监督手续，工程质量监督手续可以与施工许可证或者开工报告合并办理。办理质量监督注册手续时需提供下列资料：①施工图设计文件审查报告和批准书；②中标通知书和施工、监理合同；③建设单位、施工单位和监理单位工程项目负责人和机构组成；④施工组织设计和监理规划（监理实施细则）；⑤其他需要的文件资料。

28. **【答案】** D

【解析】 建设工程具备开工条件并取得施工许可后才能开始土建工程施工和机电设备安装。按照规定，建设工程新开工时间是指工程设计文件中规定的任何一项永久性工程第一次正式破土开槽的开始日期。不需要开槽的工程，以正式开始打桩的日期作为开工日期。铁路、公路、水库等需要进行大量土石方工程的，以开始进行土石方工程施工的日期作为正式开工日期。工程地质勘察、平整场地、旧建筑物拆除、临时建筑、施工用临时道路和水、电等工程开始施工的日期不能算作正式开工日期。分期建设的工程分别按各期工程开工的日期计算，如二期工程应根据工程设计文件规定的永久性工程开工的日期计算。

第二节　工程建设组织实施模式

考点 1　全过程工程咨询

1. 【答案】BCDE

【解析】工程监理企业要想发展为全过程工程咨询企业，需要在以下几方面作出努力：①加大人才培养引进力度；②优化调整企业组织结构；③创新工程咨询服务模式；④加强现代信息技术应用；⑤重视知识管理平台建设。

2. 【答案】D

【解析】选项 A 错误，从服务阶段看，全过程工程咨询覆盖项目投资决策、建设实施（设计、招标、施工）全过程集成化服务，有时还会包括运营维护阶段咨询服务。选项 B 错误，从服务内容看，全过程工程咨询包含技术咨询和管理咨询，而不只是侧重于管理咨询。选项 C 错误，全过程工程咨询是一种工程建设组织模式，不是一种制度。制度的本质是“强制性”，模式的本质是“选择性”。选项 D 正确，全过程工程咨询是指工程咨询方为委托方在项目投资决策、建设实施乃至运营维护阶段持续提供局部或整体解决方案的智力性服务活动。

3. 【答案】BCE

【解析】与传统“碎片化”咨询相比，全过程工程咨询具有以下三大特点：①咨询服务范围广；②强调智力性策划；③实施多阶段集成。

考点 2　工程总承包

4. 【答案】BDE

【解析】工程总承包模式具有以下特点：①有利于缩短建设工期；②便于较早确定工程造价；③有利于控制工程质量；④工程项目责任主体单一；⑤可减轻建设单位合同管理负担。

第三章　建设工程监理相关法律法规及标准

第一节　建设工程监理相关法律及行政法规

➢ 重难点：

1. 相关法律（《建筑法》《招标投标法》《安全生产法》《民法典》合同编）主要内容。
2. 行政法规（《建设工程质量管理条例》《建设工程安全生产管理条例》《生产安全事故报告和调查处理条例》《招标投标法实施条例》）主要内容。

考点 1　相关法律

1. **【单选】** 根据《建筑法》，下列关于施工许可的说法，正确的是（　　）。

   A. 建设单位应当自领取施工许可证之日起 1 个月内开工

   B. 建设单位申领施工许可证时，应有保证工程质量和安全的具体措施

   C. 中止施工满 3 年的工程恢复施工前，建设单位应当报发证机关核验施工许可证

   D. 建筑工程开工前，建设单位应当按照国家有关规定向工程所在地市级以上人民政府建设行政主管部门申请领取施工许可证

2. **【多选】** 根据《建筑法》，下列关于工程发承包的说法，正确的有（　　）。

   A. 提倡建设工程实行设计—招标—建造模式

   B. 发包单位不得指定承包单位购入用于工程的建筑材料

   C. 联合体各方按联合体协议约定分别承担合同责任

   D. 禁止承包单位将其承包的全部建筑工程转包他人

   E. 建筑工程主体结构的施工必须由总承包单位自行完成

3. **【单选】** 根据《建筑法》，实行施工总承包的工程，由（　　）负责施工现场安全。

   A. 总承包单位　　　　B. 具体施工的分包单位

   C. 总承包单位的项目经理　　　　D. 分包单位的项目经理

4. **【单选】** 根据《建筑法》，施工许可证申请延期以两次为限，每次不超过（　　）个月。

   A. 1　　　　B. 2

   C. 3　　　　D. 6

5. **【多选】** 根据《建筑法》，申请领取施工许可证应具备的条件有（　　）。

A. 已经办理建筑工程用地批准手续

B. 有满足施工需要的资金安排

C. 已经确定建筑施工企业

D. 已经确定工程监理单位

E. 有保证工程质量和安全的具体措施

6. **【单选】** 根据《建筑法》，建设单位应当自领取施工许可证之日起的（　　）个月内开工，因故不能按期开工的，应向发证机关申请延期。

A. 1　　　B. 2

C. 3　　　D. 6

7. **【单选】** 根据《建筑法》，在建的建筑工程因故中止施工的，建设单位应当自中止施工之日起（　　）内向施工许可证发证机关报告。

A. 1 周　　　B. 2 周

C. 1 个月　　　D. 3 个月

8. **【单选】** 根据《建筑法》，关于施工许可的说法，正确的是（　　）。

扫码听课

A. 建设单位申领施工许可证时，应提交施工合同和监理合同

B. 建设单位申领施工许可证时，应有保证工程质量和安全的具体措施

C. 因故不能按施工许可如期开工的，可申请延期两次，每次不超过 6 个月

D. 建筑工程因故中止施工的，建设单位应在 3 个月内向发证机关报告

9. **【单选】** 按照国务院有关规定批准开工报告的建筑工程，因故不能按期开工或者中止施工的，应当及时向批准机关报告情况。因故不能按期开工超过（　　）个月的，应当重新办理开工报告的批准手续。

A. 1　　　B. 3

C. 6　　　D. 12

10. **【多选】** 根据《建筑法》，下列关于建筑工程发包与承包的说法，正确的有（　　）。

A. 建筑工程造价应按国家有关规定，由发包单位与承包单位在合同中约定

B. 发包单位可以将建筑工程的设计、施工设备采购一并发包给一个工程总承包单位

C. 按照合同约定，由承包单位采购的设备，发包单位可以指定生产厂

D. 两个资质等级相同的企业，方可组成联合体共同承包

E. 总包单位与分包单位就分包工程对建设单位承担连带责任

11. **【多选】** 根据《建筑法》，实施建筑工程监理前，建设单位应当将（　　），书面通知被监理的建筑施工企业。

A. 委托的工程监理单位

B. 总监理工程师

C. 监理内容

D. 监理权限

E. 监理组织机构

12. 【多选】根据《建筑法》，建设单位领取施工许可证后，还应按照国家有关规定办理申请批准手续的情形包括（　　）。

A. 临时占用规划批准范围以内的场地

B. 拆除场地内的旧建筑物

C. 进行爆破作业

D. 临时中断道路交通

E. 可能损坏电力电缆

13. 【多选】根据《建筑法》，在施工过程中，施工企业施工作业人员的权利有（　　）。

A. 获得安全生产所需要的防护用品

B. 根据现场条件改变施工图纸内容

C. 对危及生命安全和人身健康的行为提出批评

D. 对危及生命安全和人身健康的行为检举和控告

E. 对影响人身健康的作业程序和条件提出改进意见

14. 【单选】根据《建筑法》，下列关于建筑安全生产管理的说法，正确的是（　　）。

A. 房屋拆除应当由具备保证安全条件的施工单位承担

B. 需要临时停水、停电的，施工单位应办理申请批准手续

C. 涉及承重结构变动的装修工程，施工单位应事前委托设计单位提出设计方案

D. 施工单位负责收集与施工现场相关的地下管线资料，并对管线采取保护措施

15. 【单选】根据《建筑法》，建筑施工企业应当依法为职工参加工伤保险，缴纳工伤保险费。（　　）企业为从事危险作业的职工办理意外伤害保险，支付保险费用。

A. 强制　　　　B. 禁止

C. 应当　　　　D. 鼓励

16. 【单选】根据《建筑法》，关于建筑安全生产管理的说法，正确的是（　　）。

A. 要求企业为从事危险作业的职工办理意外伤害保险，支付保险费

B. 未经安全生产教育培训的人员，在相关人等的带领下可以上岗作业

C. 施工作业人员有权获得安全生产所需的防护用品

D. 涉及建筑主体和承重结构变动的装修工程，建设单位没有设计方案的按原方案施工

17. 【单选】根据《建筑法》，在建的建筑工程因故中止施工的，建设单位应当自中止施工之日起（　　）内，向发证机关报告。

A. 3个月　　　　B. 2个月

C. 1个月　　　　D. 15日

18. 【单选】根据《招标投标法》，自招标文件开始发出之日起，至投标人提交投标文件截止之日止，最短不得少于（　　）日。

A. 10　　　　B. 15

C. 20　　　　D. 30

19. 【多选】根据《招标投标法》，下列关于招标的说法，正确的有（　　）。

A. 邀请招标是指招标人以投标邀请书的方式邀请特定的法人或者其他组织投标

B. 采用邀请招标的，招标人可以告知拟邀请投标人向他人发出邀请的具体情况

C. 招标人不得以不合理的条件限制或排斥潜在投标人

D. 招标文件不得要求或标明特定的生产供应者

E. 招标人需澄清招标文件的，应以电话或书面形式通知所有招标文件收受人

20. **【单选】**根据《招标投标法》，招标人对已发出的招标文件进行必要的澄清时，应在提交投标文件截止时间至少（　　）日前，以书面形式通知所有招标文件收受人。

A. 5　　B. 10

C. 15　　D. 20

21. **【多选】**根据《招标投标法》，在招标投标活动中，投标人不得采取的行为包括（　　）。

A. 相互串通投标报价

B. 以低于成本的报价竞标

C. 要求进行现场踏勘

D. 以他人名义投标

E. 以联合体方式投标

22. **【单选】**根据《招标投标法》，下列关于招标要求的说法，正确的是（　　）。

A. 招标人在不影响他人竞争的情况下，可向他人透露有关招标投标的其他情况

B. 自招标文件开始发出之日起至投标人提交投标文件截止之日止，最短不得少于7日

C. 招标只能以公开招标方式进行招标

D. 招标人不得强制投标人组成联合体共同投标

23. **【单选】**依法必须进行招标的项目，其评标委员会由招标人的代表和有关技术、经济等方面的专家组成。其中，技术、经济等方面的专家不得少于成员总数的（　　）。

A. 1/2　　B. 2/3

C. 1/4　　D. 1/3

24. **【单选】**建设单位应当自发出中标通知书之日起（　　）日内，与中标人签订书面合同。

A. 7　　B. 34

C. 28　　D. 30

25. **【多选】**根据《招标投标法》，下列关于招标的说法，正确的有（　　）。

A. 行政机关可以与其他单位合作，共同依法设立招标代理机构

B. 招标人具有编制招标文件和组织评标能力的，可以自行办理招标事宜

C. 招标代理机构应当在招标人委托的范围内办理招标事宜

D. 招标人应当根据招标项目的特点和需要编制招标文件

E. 招标人不得对已发出的招标文件进行修改和补充

26. **【单选】**根据《招标投标法》，自招标文件开始发出之日至（　　）的期限不得短于20日。

A. 评标之日　　B. 开标之日

C. 投标人提交投标文件截止之日　　D. 投标人完成投标文件之日

27. 【单选】根据《招标投标法》，下列关于投标文件的规定的说法，正确的是（　　）。
   A. 投标人应当按照招标文件的要求编制投标文件
   B. 投标人应当在招标文件要求提交投标文件的截止时间前送达招标地点
   C. 投标人数为 5 个以下的应重新招标
   D. 投标人在招标文件要求提交投标文件的截止时间前补充、修改的内容不属于投标文件的组成部分

28. 【多选】根据《招标投标法》，下列关于联合投标的说法，正确的有（　　）。
   A. 联合体资质等级按联合体各方较高资质确定
   B. 联合体各方均应具备承担招标项目的相应能力
   C. 联合体各方应当签订共同投标协议
   D. 联合体各方共同投标协议应作为合同文件组成部分
   E. 中标的联合体各方应当共同与招标人签订合同

29. 【多选】根据《招标投标法》，下列关于开标、评标、中标和合同订立的说法，正确的有（　　）。
   A. 开标应当在招标文件确定的提交投标文件截止时间的同一时间公开进行
   B. 评标由招标人依法组建的评标委员会负责
   C. 中标通知书对招标人和中标人具有法律效力
   D. 评标委员会应当提出书面评标报告并确定中标人
   E. 招标人和中标人不得再行订立背离合同实质性内容的其他协议

扫码听课

30. 【单选】依法必须进行招标的项目，招标人应当自确定中标人之日起（　　）日内，向有关行政监督部门提交招标投标情况的书面报告。
   A. 25　　B. 20
   C. 15　　D. 10

31. 【单选】根据《招标投标法》，招标人和中标人应当自中标通知书发出之日起（　　）日内，按照招标文件和中标人的投标文件订立书面合同。
   A. 10　　B. 15
   C. 20　　D. 30

32. 【单选】根据《民法典》合同编，工程设计合同属于（　　）。
   A. 委托合同　　B. 技术合同
   C. 技术开发合同　　D. 建设工程合同

33. 【单选】建设工程项目管理服务合同属于（　　）。
   A. 委托合同　　B. 建设工程合同
   C. 技术开发合同　　D. 承揽合同

34. 【多选】根据《民法典》合同编，下列关于合同效力的说法，正确的有（　　）。
   A. 因未办理批准手续而影响合同生效的，合同中履行报批义务条款相应失效
   B. 超越经营范围订立的合同，不得仅以超越经营范围确认合同无效
   C. 因重大过失造成对方财产损失的，合同免责条款无效

D. 造成对方人身损害的，合同免责条款无效

E. 合同被撤销的，合同中有关解决争议方法的条款相应失效

35. **【多选】**根据《民法典》合同编，下列关于建设工程合同的说法，正确的有（　　）。

A. 建设工程合同包括工程勘察、设计、施工、监理合同

B. 建设工程合同是承包人进行工程建设，发包人支付价款的合同

C. 建设工程施工合同无效，但工程验收合格的，可参照合同关于工程价款的约定折价补偿承包人

D. 承包人将建设工程转包的，发包人可解除合同

E. 在不妨碍承包人正常作业的情况下，发包人可随时检查作业进度

36. **【多选】**根据《民法典》合同编，下列关于要约和承诺的说法，正确的有（　　）。

A. 承诺是受要约人同意要约的意思表示

B. 要约以信件作出且未载明日期的，承诺期限自投寄该信件的日期开始计算

C. 承诺不需要通知的，根据要约的要求作出承诺的行为时生效

D. 承诺的内容应当与要约的内容一致

E. 要约生效的地点为合同成立的地点

37. **【单选】**根据《民法典》合同编，工程勘察合同属于（　　）。

A. 承揽合同　　B. 工程咨询合同

C. 委托合同　　D. 建设工程合同

38. **【多选】**根据《民法典》合同编，下列关于要约与承诺的说法，错误的有（　　）。

A. 要约是希望与他人订立合同的意思表示

B. 要约邀请是合同成立的必经过程

C. 要约到达受要约人可以撤回

D. 承诺是要约人同意要约的意思表示

E. 承诺的内容应当与要约的内容一致

39. **【单选】**根据《民法典》合同编，执行政府定价或政府指导价的，在合同约定的交付期限内政府价格调整时，按照（　　）计价。

A. 合同成立时的价格

B. 标的物交付时的价格

C. 交付期限内的最低价格

D. 交付期限内的平均价格

40. **【多选】**根据《民法典》合同编，应当先履行债务的当事人，有确切证据证明对方（　　）的，可以中止履行合同。

A. 经营状况严重恶化

B. 同时投资的项目过多

C. 丧失商业信誉

D. 转移财产以逃避债务

E. 抽逃资金以逃避债务

41. 【多选】根据《民法典》合同编，合同权利义务的终止，不影响执行合同中约定的条款有（　　）。

A. 预付款支付义务　　B. 结算和清理条款

C. 通知义务　　D. 缺陷责任条款

E. 保密条款

42. 【多选】根据《民法典》合同编，下列关于委托合同中委托人权利义务的说法，正确的有（　　）。

A. 委托人应当预付处理委托事务费用

B. 对无偿委托合同，因受托人过失给委托人造成损失的，委托人不应要求赔偿

C. 受托人超越权限给委托人造成损失的，应当向委托人赔偿损失

D. 委托人不经受托人同意，可以在受托人之外委托第三人处理委托事务

E. 经同意的转委托，委托人可以就委托事务直接指示转委托的第三人

43. 【多选】根据《安全生产法》，生产经营单位的主要负责人需要履行的安全生产管理职责有（　　）。

A. 组织制定并实施本单位安全生产规章制度和操作规程

B. 保证本单位安全生产投入的有效实施

C. 统筹使用生产经营资金和安全生产专项资金

D. 组织生产安全事故调查和处理

E. 组织制订并实施本单位安全生产教育和培训计划

44. 【多选】张某是某国有企业的主要负责人，依据《安全生产法》的规定，下列关于张某安全生产工作职责的说法，正确的有（　　）。

扫码听课

A. 督促、检查本企业的安全生产工作，及时消除生产安全事故隐患

B. 组织或者参与本企业的安全生产教育和培训，如实记录安全生产教育和培训情况

C. 组织制定并实施本企业的生产安全事故应急救援预案

D. 保证本企业安全生产投入的有效实施

E. 及时、如实报告本企业的生产安全事故

45. 【多选】根据《安全生产法》，生产经营单位的安全生产管理人员应履行的职责有（　　）。

A. 组织制定本单位的生产安全事故应急救援预案

B. 建立本单位的安全生产责任制

C. 制止违章指挥、强令冒险作业、违反操作规程的行为

D. 参与本单位应急救援演练

E. 督促落实本单位重大危险源的安全管理措施

46. 【单选】根据《安全生产法》，从业人员发现直接危及人身安全的紧急情况时，可以（　　）后撤离现场。

A. 经安全管理人员同意　　B. 采取可能的应急措施

C. 经现场负责人同意　　D. 经单位负责人批准

47. 【单选】根据《安全生产法》，对事故发生负有责任的单位处以 100 万元以上 200 万元以下罚款的事故是（　　）。

A. 特别重大事故　　B. 重大事故

C. 严重事故　　D. 较大事故

48. 【多选】根据《安全生产法》，下列关于生产经营单位安全生产保障的说法，正确的有（　　）。

A. 生产经营单位必须依法参加工伤保险

B. 生产经营单位必须设置安全生产管理机构

C. 生产经营单位的主要负责人应保证本单位安全生产投入的有效实施

D. 生产经营单位的主要负责人应组织本单位应急救援演练

E. 生产经营单位应建立安全风险分级管控制度

49. 【单选】根据《安全生产法》，生产经营单位的主要负责人对本单位安全生产工作负有的职责是（　　）。

A. 及时、如实报告生产安全事故

B. 组织或参与本单位应急救援演练

C. 督促落实本单位安全生产整改措施

D. 组织开展危险源辨识和评估

考点 2 行政法规

50. 【多选】根据《建设工程质量管理条例》，建设工程竣工验收应具备的条件有（　　）。

A. 有完整的技术档案和施工管理资料

B. 有施工、监理等单位分别签署的质量合格文件

C. 有质量监督机构签署的质量合格文件

D. 有工程造价结算报告

E. 有施工单位签署的工程保修书

51. 【单选】根据《建设工程质量管理条例》，建设单位有（　　）行为的，责令改正，处 20 万元以上 50 万元以下的罚款。

A. 未组织竣工验收，擅自交付使用

B. 对验收不合格的工程，擅自交付使用

C. 将不合格的建设工程按照合格工程验收

D. 暗示设计单位违反工程建设强制性标准，降低工程质量

52. 【单选】根据《建设工程质量管理条例》，属于建设单位质量责任和义务的是（　　）。

A. 办理工程质量监督手续

B. 抽样检测现场试块

C. 建立健全教育培训制度

D. 组织竣工预验收

53. 【多选】根据《建设工程质量管理条例》，工程设计单位的质量责任和义务包括（　　）。

A. 将工程概算控制在批准的投资估算之内

B. 设计方案先进可靠

C. 就审查合格的施工图设计文件向施工单位作出详细说明

D. 除有特殊要求的，不得指定生产厂、供应商

E. 参与建设工程质量事故分析

54. 【单选】根据《建设工程质量管理条例》，属于施工单位质量责任和义务的是（　　）。

A. 申领施工许可证

B. 办理工程质量监督手续

C. 建立健全教育培训制度

D. 向有关主管部门移交建设项目档案

55. 【多选】根据《建设工程质量管理条例》，关于施工单位质量责任的说法，正确的有（　　）。

A. 未经教育培训或考试不合格人员，不得上岗作业

B. 发现设计文件有差错应及时要求设计单位修改

C. 按有关要求对建筑材料、构配件进行检验

D. 涉及结构安全的试块直接取样送检

E. 隐蔽工程在隐蔽前，应通知建设单位和质量监督机构

56. 【多选】根据《建设工程质量管理条例》，工程监理单位与被监理工程的（　　）不得有隶属关系或者其他利害关系。

A. 设计单位　　B. 承包单位

C. 建筑材料供应单位　　D. 设备供应单位

E. 工程咨询单位

57. 【多选】根据《建设工程质量管理条例》，建设工程承包单位向建设单位出具的质量保修书中应明确建设工程的（　　）。

A. 保修范围　　B. 保修期限

C. 保修要求　　D. 保修责任

E. 保修费用

58. 【单选】根据《建设工程质量管理条例》，正常使用条件下，设备安装工程的最低保修期限为（　　）年。

A. 5　　B. 4

C. 3　　D. 2

59. 【多选】根据《建设工程质量管理条例》，关于质量保修期限的说法，正确的有（　　）。

A. 地基基础工程最低保修期限为设计文件规定的该工程合理使用年限

B. 屋面防水工程最低保修期限为 3 年

C. 给排水管道工程最低保修期限为 2 年

D. 供热工程最低保修期限为 2 个采暖期

E. 建设工程的保修期自交付使用之日起计算

60. **【单选】**根据《建设工程质量管理条例》，涉及承重结构变动的装修工程，建设单位应当委托（　　）提出设计方案。

A. 装修设计单位　　B. 原设计单位

C. 装修施工单位　　D. 工程监理单位

61. **【单选】**根据《建设工程质量管理条例》，关于最低保修期限的说法，正确的是（　　）。

A. 外墙面防渗漏保修期限为 5 年　　B. 给排水管道保修期限为 3 年

C. 电气管线保修期限为 3 年　　D. 装修工程保修期限为 1 年

62. **【多选】**根据《建设工程质量管理条例》，建设工程竣工验收应具备的条件有（　　）。

A. 完成建设工程设计和合同约定的各项内容

B. 有完整的技术档案和施工管理资料

C. 有勘察、设计单位分别签署的质量合格文件

D. 有完整的监理文件资料

E. 工程竣工预验收合格

63. **【单选】**根据《建设工程安全生产管理条例》，对于依法批准开工报告的建设工程，建设单位应自开工报告批准之日起（　　）日内，将保证安全施工的措施报送当地建设行政主管部门或其他有关部门备案。

A. 7　　B. 15

C. 3　　D. 30

64. **【单选】**根据《建设工程安全生产管理条例》，下列属于建设单位的安全责任的是（　　）。

A. 确定安全技术措施　　B. 确定安全施工措施所需费用

C. 确定施工现场安全　　D. 确定安全生产责任制度

65. **【多选】**根据《建设工程安全生产管理条例》，下列关于工程参建各方安全责任的说法，正确的有（　　）。

A. 建设单位应当向施工单位提供施工现场相邻建筑物和构筑物的有关资料

B. 施工单位应当在拆除工程施工前，将相关资料报有关部门备案

C. 设计单位应当对涉及施工安全的重点部位和环节在设计文件中注明，并对防范生产安全事故提出意见

D. 监理单位应当审查专项施工方案是否符合施工组织设计要求

E. 施工单位编制的地下暗挖工程专项施工方案须组织专家论证、审查

66. **【多选】**根据《建设工程安全生产管理条例》，施工单位应满足现场卫生、环境与消防安全管理方面的要求包括（　　）。

A. 做好施工现场人员调查

B. 将现场办公、生活与作业区分开设置，保持安全距离

C. 提供的职工膳食、饮水、休息场所符合卫生标准

D. 不得在尚未竣工的建筑物内设置员工集体宿舍

E. 设置消防通道、消防水源，配备消防设施和灭火器材

67. 【单选】根据《建设工程安全生产管理条例》，下列关于施工单位安全责任的说法，正确的是（　　）。
A. 不得压缩合同规定的工期
B. 应当为施工现场人员办理意外伤害保险
C. 将安全生产保证措施报有关部门备案
D. 保证本单位安全生产条件所需资金的投入

68. 【多选】根据《建设工程安全生产管理条例》，下列属于施工单位安全责任的有（　　）。
A. 拆除工程施工前，向有关部门报送拆除施工组织方案
B. 列入工程概算的安全作业环境所需费用不得挪作他用
C. 对承担的建设工程进行定期和专项安全检查并做好安全检查记录
D. 为施工现场从事危险作业的人员办理意外伤害保险
E. 向作业人员提供安全防护用具和安全防护服装

69. 【多选】根据《建设工程安全生产管理条例》，下列属于建设单位安全责任的有（　　）。
A. 提供施工现场及毗邻区域内供水、排水、供电、供气等有关资料
B. 提供的勘察文件应当真实、准确
C. 确定建设工程安全作业环境及安全施工措施所需费用
D. 建立健全安全生产责任制度和安全生产教育培训制度
E. 不得压缩合同约定的工期

70. 【单选】根据《建设工程安全生产管理条例》，下列不属于设计单位安全责任的是（　　）。
A. 对涉及施工安全的重点部位和环节在设计文件中注明
B. 为建设工程提供机械设备和配件
C. 提出保障施工作业人员安全和预防生产安全事故的措施建议
D. 应当按照法律、法规和工程建设强制性标准进行设计

71. 【单选】根据《建设工程安全生产管理条例》，对于达到一定规模的危险性较大的分部分项工程，编制的专项施工方案除应附具安全验算结果外，应经（　　）签字后方可实施。
A. 施工单位法定代表人、监理单位法定代表人
B. 施工单位技术负责人、监理单位技术负责人
C. 施工单位技术负责人、总监理工程师
D. 施工项目技术负责人、总监理工程师

72. 【单选】某工程发生钢筋混凝土预制梁吊装脱落事故，造成6人死亡，直接经济损失900万元，该事故属于（　　）。
A. 特别重大事故　　B. 重大事故
C. 较大事故　　D. 一般事故

73. 【单选】某工程施工中发生生产安全事故，造成2人死亡、3人受伤，直接经济损失达

500 万元，根据《生产安全事故报告和调查处理条例》，该事故属于（　　）生产安全事故。

A. 特别重大　　B. 重大

C. 较大　　D. 一般

74. 【单选】根据《生产安全事故报告和调查处理条例》，造成直接经济损失 5 000 万元，30 人死亡，50 人重伤的安全事故，属于（　　）事故。

A. 重大　　B. 特别重大

C. 严重　　D. 特别严重

75. 【单选】根据《生产安全事故报告和调查处理条例》，属于重大事故的是（　　）的事故。

A. 造成 3 人死亡，直接经济损失 3 000 万元

B. 造成 5 人死亡，直接经济损失 1 000 万元

C. 造成 30 人重伤，直接经济损失 3 000 万元

D. 造成 10 人重伤，直接经济损失 5 000 万元

76. 【单选】根据《生产安全事故报告和调查处理条例》，某单位发生生产安全事故，单位负责人接到报告后，应当于（　　）内向事故发生地县级以上人民政府安全生产监督管理部门报告。

A. 1h　　B. 2h

C. 12h　　D. 24h

77. 【单选】根据《生产安全事故报告和调查处理条例》，除特殊情况外，安全事故调查组应当自事故发生之日（　　）日内提交事故调查报告。

A. 60　　B. 30

C. 15　　D. 90

78. 【单选】根据《生产安全事故报告和调查处理条例》，对发生重大事故，且对事故发生负有责任的单位，应处以（　　）的罚款。

A. 50 万元以上 100 万元以下

B. 50 万元以上 200 万元以下

C. 100 万元以上 200 万元以下

D. 100 万元以上 300 万元以下

79. 【单选】根据《招标投标法实施条例》，可采用邀请招标的情形是（　　）。

A. 采购人依法能够自行建设

B. 需向原中标人采购，否则影响施工

C. 需采用不可替代的专利

D. 只有少量潜在投标人可供选择

80. 【多选】根据《招标投标法实施条例》，下列关于招标的说法，正确的有（　　）。

A. 资格预审文件或者招标文件的发售期不得少于 7 日

B. 潜在投标人对招标文件有异议的，应当在投标截止时间 15 日前提出

C. 招标人可以自行决定是否编制标底

D. 招标人不得组织部分潜在投标人踏勘工程现场

E. 招标人应当合理确定提交资格预审申请文件的时间

81. **【多选】**根据《招标投标法实施条例》，应视为投标人相互串通投标的情形有（　　）。

A. 互相借用投标保证金

B. 投标文件由同一单位编制

C. 投标保证金从同一单位账户转出

D. 投标文件出现异常一致

E. 有相同的类似工程业绩

82. **【单选】**根据《招标投标法实施条例》，招标人最迟应在书面合同签订后（　　）日内向中标人和未中标的投标人退还保证金及银行同期存款利息。

A. 3　　B. 5

C. 10　　D. 15

83. **【单选】**根据《建设工程安全生产管理条例》，施工单位应当自施工起重机械和整体提升脚手架、模板等自升式架设设施验收合格之日起（　　）日内，向建设行政主管部门或者其他有关部门登记。

A. 60　　B. 30

C. 20　　D. 10

84. **【单选】**下列关于建设工程监理的说法，正确的是（　　）。

A. 行业主管部门规定强制监理的工程范围

B. 工程监理单位应履行建设工程安全生产管理的法定职责

C. 工程监理单位不得与检测机构有隶属关系

D. 工程监理单位代表政府对施工质量实施监理

85. **【多选】**根据《生产安全事故报告和调查处理条例》，事故报告应包含的内容有（　　）。

A. 事故发生单位概况　　B. 事故发生的时间、地点

C. 事故发生的原因和性质　　D. 事故已造成的伤亡人数

E. 已采取的措施

86. **【单选】**（　　）应当制定本单位生产安全事故应急救援预案，建立应急救援组织或者配备应急救援人员，配备必要的应急救援器材、设备，并定期组织演练。

A. 建设单位　　B. 施工单位

C. 监理单位　　D. 设计单位

87. **【多选】**根据《招标投标法实施条例》，可采用邀请招标方式的情形有（　　）。

A. 技术复杂，有特殊要求，潜在投标人数量较少的

B. 受自然环境限制，只有少量潜在投标人可选择的

C. 公开招标方式的费用占项目合同金额比例过大的

D. 采用不可替代的专利或专有技术的

E. 采购人依法能够自行建设的

88. **【多选】**根据《建设工程安全生产管理条例》，工程监理单位应当及时向有关主管部门报送监理报告的情形有（　　）。

A. 发现存在安全事故隐患时，签发监理通知单后施工单位拒不整改的

B. 发现存在质量事故隐患时，签发监理通知单后施工单位拒不整改的

C. 发现存在重大安全事故隐患时，签发工程暂停令后施工单位拒不暂停施工的

D. 发现存在重大质量事故隐患时，签发工程暂停令后施工单位拒不暂停施工的

E. 发现存在未经批准擅自组织施工时，签发监理通知单后施工单位拒不整改的

89. **【多选】**根据《建设工程质量管理条例》，建设单位的质量责任和义务有（　　）。

A. 不使用未经审查批准的施工图设计文件

B. 责令改正工程质量问题

C. 不得任意压缩合理工期

D. 签署工程质量保修书

E. 向有关部门移交建设项目档案

90. **【多选】**根据《建设工程质量管理条例》，下列属于建设单位的质量责任和义务的有（　　）。

A. 向有关的勘察、设计、施工、工程监理等单位提供与建设工程有关的原始资料

B. 提供的地质、测量、水文等勘察成果必须真实、准确

C. 不得明示或者暗示设计单位或者施工单位违反工程建设强制性标准，降低工程质量

D. 施工图设计文件审查

E. 做好隐蔽工程的质量检查和记录

91. **【单选】**根据《建设工程质量管理条例》，施工单位的质量责任和义务是（　　）。

A. 工程开工前，应按照国家有关规定办理工程质量监督手续

B. 工程完工后，应组织竣工验收

C. 施工过程中，应立即改正所发现的设计图纸差错

D. 隐蔽工程在隐蔽前，应通知建设单位和建设工程质量监督机构

92. **【单选】**根据《建设工程质量管理条例》，下列关于工程监理单位质量责任和义务的说法，正确的是（　　）。

A. 代表建设单位对施工质量实施监理

B. 发现施工图有差错应要求设计单位修改

C. 将施工单位现场取样的试块送检测单位

D. 组织设计、施工单位进行竣工验收

93. **【单选】**根据《建设工程质量管理条例》，建筑材料、建筑构配件和设备等，未经（　　）签字认可，不得在工程上使用或安装。

A. 建设单位代表

B. 总监理工程师代表

C. 监理工程师

D. 监理员

94. 【多选】《建设工程质量管理条例》规定，监理工程师应当按照工程监理规范的要求，采取（　　）等形式，对建设工程实施监理。

A. 巡视　　B. 工地例会

C. 设计与技术交底　　D. 平行检验

E. 旁站

95. 【多选】根据《建设工程质量管理条例》，工程监理单位的质量责任和义务有（　　）。

A. 依法取得相应等级资质证书，并在其资质等级许可范围内承担工程监理业务

B. 与被监理工程的施工承包单位不得有隶属关系或其他利害关系

C. 按照施工组织设计要求，采取旁站、巡视和平行检验等形式实施监理

D. 未经监理工程师签字，建筑材料、建筑构配件和设备不得在工程上使用或安装

E. 未经监理工程师签字，建设单位不拨付工程款，不进行竣工验收

96. 【单选】根据《建设工程质量管理条例》，建设工程的保修期应自（　　）之日起计算。

A. 工程竣工移交　　B. 竣工验收合格

C. 竣工验收报告提交　　D. 竣工结算完成

97. 【多选】根据《建设工程质量管理条例》，下列关于建筑工程在正常使用条件下最低保修期限的说法，正确的有（　　）。

A. 屋面防水工程，3年　　B. 电器管线工程，2年

C. 给排水管道工程，2年　　D. 外墙面防渗漏，3年

E. 地基基础工程，3年

98. 【单选】根据《建设工程质量管理条例》，建设工程发生质量事故，有关单位应在（　　）小时内向当地建设行政主管部门和其他有关部门报告。

A. 4　　B. 8

C. 12　　D. 24

99. 【多选】根据《建设工程质量管理条例》，存在下列（　　）行为的，可处10万元以上30万元以下罚款。

A. 勘察单位未按工程建设强制性标准进行勘察

B. 设计单位未根据勘察成果文件进行工程设计

C. 建设单位迫使承包方以低于成本的价格竞标

D. 建设单位明示施工单位使用不合格建筑材料

E. 设计单位指定建筑材料供应商

100. 【多选】根据《建设工程质量管理条例》，下列关于违反条例规定进行罚款的说法，正确的有（　　）。

A. 必须实行工程监理而未实行的，对建设单位处20万元以上50万元以下罚款

B. 未按规定办理工程质量监督手续的，对施工单位处20万元以上50万元以下罚款

C. 超越本单位资质等级承揽工程监理业务的，对监理单位处监理酬金1倍以上2倍以下罚款

D. 工程监理单位转让工程监理业务的，对监理单位处监理酬金1倍以上2倍以下罚款

E. 未按照工程建设强制性标准进行设计的，对设计单位处 10 万元以上 30 万元以下罚款

101. **【单选】**根据《建设工程安全生产管理条例》，工程监理单位应当审查施工组织设计中安全技术措施是否符合（　　）。

A. 适应性要求

B. 经济性要求

C. 施工进度要求

D. 工程建设强制性标准

102. **【多选】**根据《建设工程安全生产管理条例》，设计单位的安全责任包括（　　）。

A. 在设计文件中注明涉及施工安全的重点部位和环节

B. 采用新结构的建设工程，应当在设计中提出保障施工作业人员安全的措施建议

C. 审查危险性较大的专项施工方案是否符合强制性标准

D. 对特殊结构的建设工程，应在设计中提出预防生产安全事故的措施建议

E. 审查监测方案是否符合设计要求

103. **【多选】**根据《建设工程安全生产管理条例》，下列关于工程监理单位职责的说法，正确的有（　　）。

A. 监理单位应审查施工组织设计中的安全技术措施或专项施工方案是否符合工程建设强制性标准

B. 监理单位发现存在安全事故隐患，应要求施工单位整改

C. 专职安全生产管理人员发现存在安全事故隐患，应向总监理工程师报告

D. 危险性性较大的分包分项工程专项施工方案，应由施工单位技术负责人签字后实施

E. 工程监理单位应委派专职安全生产管理人员现场监督专项施工方案的实施

104. **【单选】**根据《建设工程安全生产管理条例》，施工单位对列入（　　）的安全作业环境及安全施工措施费用，不得挪作他用。

A. 建设工程概算　　　　B. 建设工程预算

C. 投标报价　　　　D. 施工合同价

105. **【单选】**《建设工程安全生产管理条例》规定，分包单位应当服从总承包单位的安全生产管理，分包单位不服从管理导致生产安全事故的（　　）。

A. 由总承包单位承担主要责任

B. 由分包单位承担主要责任

C. 由总承包单位和分包单位平均分担责任

D. 由分包单位承担责任，总承包单位不承担责任

106. **【多选】**《建设工程安全生产管理条例》规定，施工单位的（　　）等特种作业人员，必须按照国家有关规定经过专门的安全作业培训，并取得特种作业操作资格证书后，方可上岗作业。

A. 垂直运输机械作业人员

B. 钢筋作业人员

C. 爆破作业人员

D. 登高架设作业人员

E. 起重信号工

107. 【单选】根据《建设工程安全生产管理条例》，施工单位应组织专家论证、审查专项施工方案的工程是（　　）。

A. 起重吊装工程　　B. 脚手架工程

C. 高大模板工程　　D. 拆除、爆破工程

108. 【多选】根据《建设工程安全生产管理条例》，施工单位应组织专家对（　　）的专项施工方案进行论证、审查。

A. 深基坑工程　　B. 地下暗挖工程

C. 脚手架工程　　D. 设备安装工程

E. 高大模板工程

109. 【单选】施工单位应当建立健全安全生产教育培训制度，应当对管理人员和作业人员至少（　　）进行一次安全生产教育培训。

A. 每月　　B. 每季度

C. 每年　　D. 每 2 年

110. 【多选】根据《建设工程安全生产管理条例》，建设单位存在下列（　　）行为的，责令改正，处 20 万元以上 50 万元以下的罚款。

A. 要求施工单位压缩合同工期的

B. 对工程监理单位提出不符合强制性标准要求的

C. 未提供建设工程安全生产作业环境的

D. 申请施工许可证时，未提供有关安全施工措施资料的

E. 明示施工单位租赁使用不符合安全施工要求的机械设备的

111. 【多选】根据《建设工程安全生产管理条例》，对于（　　）的行为，责令限期改正，逾期未改正的，责令停业整顿，并处 10 万元以上 30 万元以下的罚款。

A. 监理单位发现安全事故隐患未及时要求施工单位整改或暂时停止

B. 设备出租单位出租未经安全性能检测的机械设备和施工机具及配件

C. 施工单位施工前未对有关安全施工的技术要求做出详细说明

D. 施工单位在施工现场临时搭建的建筑物不符合安全使用要求

E. 施工单位在施工组织设计中未编制安全技术措施或专项施工方案

112. 【单选】根据《生产安全事故报告和调查处理条例》，某生产安全事故造成 5 人死亡，1 亿元直接经济损失，该生产安全事故属于（　　）。

A. 特别重大事故　　B. 重大事故

C. 严重事故　　D. 较大事故

113. 【单选】下列不属于事故调查组应履行的职责的是（　　）。

A. 查明事故发生的经过、原因　　B. 总结事故教训

C. 提交事故调查报告　　D. 监督质量事故的后续整改工作

114. **【多选】** 根据《生产安全事故报告和调查处理条例》，事故调查报告的内容包括（　　）。

A. 事故发生单位概况

B. 事故发生经过和事故救援情况

C. 事故调查结论

D. 事故发生的原因和事故性质

E. 事故造成的人员伤亡和直接经济损失

115. **【多选】** 根据《生产安全事故报告和调查处理条例》，事故发生单位对生产安全事故负有责任的处罚，正确的有（　　）。

A. 发生轻微事故的，处 1 万元以上 5 万元以下的罚款

B. 发生一般事故的，处 10 万元以上 20 万元以下的罚款

C. 发生较大事故的，处 30 万元以上 100 万元以下的罚款

D. 发生重大事故的，处 50 万元以上 200 万元以下的罚款

E. 发生特别重大事故的，处 200 万元以上 500 万元以下的罚款

116. **【单选】** 根据《生产安全事故报告和调查处理条例》，事故发生单位主要负责人受到刑事处罚或行政处分的，在刑事处罚执行完毕或受处分之日起（　　）年内不得担任任何生产经营单位的主要负责人。

A. 1　　　　B. 2

C. 3　　　　D. 5

117. **【单选】** 根据《招标投标法实施条例》，按照国家有关规定需要履行项目审批、核准手续的依法必须进行招标的项目，若采用公开招标方式的费用占项目合同金额的比例过大，可经（　　）认定采用邀请招标方式。

A. 项目审批、核准部门　　　　B. 建设单位

C. 工程监理单位　　　　D. 建设行政主管部门

118. **【单选】** 根据《招标投标法实施条例》，依法招标的项目可以不招标的情形是（　　）。

A. 技术复杂，只有少量潜在投标人可供选择的

B. 受自然环境限制，只有少量潜在投标人可供选择的

C. 采购人依法能够自行建设的

D. 招标费用占项目合同金额的比例过大的

扫码听课

119. **【单选】** 根据《招标投标法实施条例》，依法必须进行招标的项目提交资格预审申请文件的时间，自资格预审文件停止发售之日起不得少于（　　）日。

A. 3　　　　B. 5

C. 7　　　　D. 10

120. **【单选】** 根据《招标投标法实施条例》，潜在投标人对招标文件有异议的，应当在投标截止时间（　　）日前提出。

A. 2　　　　B. 3

C. 5　　　　D. 10

121. 【单选】根据《招标投标法实施条例》，下列关于投标保证金的说法，正确的是（　　）。

A. 投标保证金有效期应当与投标有效期一致

B. 投标保证金不得超过招标项目估算价的5%

C. 投标保证金应当从投标人的商业账户中转出

D. 投标保证金应当在书面合同签订后15日内退还

122. 【单选】投标人撤回已提交的投标文件，应当在投标截止时间前书面通知招标人。招标人已收取投标保证金的，应当自收到投标人书面撤回通知之日起（　　）日内退还。

A. 2　　B. 5

C. 7　　D. 15

123. 【单选】根据《招标投标法实施条例》，依法必须进行招标的项目，招标人应当自收到评标报告之日起（　　）日内公示中标候选人。

A. 3　　B. 5

C. 7　　D. 10

124. 【单选】根据《招标投标法实施条例》，招标文件要求中标人提交履约保证金的，履约保证金不得超过中标合同金额的（　　）。

A. 10%　　B. 8%

C. 5%　　D. 3%

第二节　建设工程监理规范

➢ 重难点：

1. 项目监理机构人员构成及职责。
2. 工程质量、造价、进度控制及安全生产管理的监理工作。
3. 设备采购、监造及相关服务。

考点1 《建设工程监理规范》概要

1. 【单选】根据《建设工程监理规范》，一名注册监理工程师要同时担任三项建设工程的总监理工程师时，应（　　）。

A. 征得质量监督机构书面同意　　B. 书面通知施工单位

C. 征得建设单位书面同意　　D. 书面通知建设单位

2. 【单选】根据《建设工程监理规范》，总监理工程师应组织专业监理工程师审查施工单位报送的（　　）及相关资料，报建设单位批准后签发工程开工令。

A. 施工组织设计报审表

B. 分包单位资格报审表

C. 施工控制测量成果表

D. 开工报审表

3. 【单选】工程开工应在总监理工程师审查（　　）及相关材料，报建设单位审批后进行。

A. 工程开工报审表　　B. 施工组织设计

C. 工程开工令　　D. 施工方案报审表

4. 【多选】根据《建设工程监理规范》，下列工作属于总监理工程师不得委托给总监理工程师代表的是（　　）。

A. 组织审查施工组织设计

B. 组织审查工程开工报审表

C. 组织审核施工单位的付款申请

D. 组织工程竣工预验收

E. 组织编写工程质量评估报告

5. 【多选】根据《建设工程监理规范》，下列关于工程监理人员的说法，正确的有（　　）。

A. 总监理工程师应由注册监理工程师担任

B. 总监理工程师应由工程监理单位法定代表人书面任命

C. 总监理工程师代表可由具有中级专业技术职称、3年及以上工程实践经验并经监理业务培训的人员担任

D. 专业监理工程师可由具有中级专业技术职称、2年及以上工程实践经验的人员担任

E. 监理员可由具有初级专业技术职称并经监理业务培训的人员担任

6. 【多选】根据《建设工程监理规范》，工程开工前，建设单位应将（　　）书面通知施工单位。

A. 工程监理单位的名称

B. 监理的范围、内容和权限

C. 项目监理机构的组织形式

D. 项目监理机构的人员构成

E. 总监理工程师的姓名

7. 【单选】根据《建设工程监理规范》，总监理工程师代表可由具有中级以上专业技术职称、（　　）年及以上工程实践经验并经监理业务培训的人员担任。

A. 1　　B. 2　　C. 3　　D. 5

8. 【多选】根据《建设工程监理规范》，对施工单位报审的施工组织设计，项目监理机构应审查的基本内容包括（　　）。

A. 编审程序应符合相关规定

B. 施工进度、施工方案及工程质量保证措施应符合施工合同要求

C. 劳动力供应计划应满足工程施工需要

D. 专项施工方案应符合工程建设强制性标准

E. 施工总平面布置应科学合理

考点 2 建设工程监理核心工作

9. 【多选】根据《建设工程监理规范》，项目监理机构控制工程质量的工作有（　　）。
A. 组织调查处理工程质量事故
B. 审查施工单位报审的施工方案
C. 查验施工单位报送的施工测量放线成果
D. 参与工程竣工预验收
E. 检查施工单位为工程提供服务的试验室

10. 【单选】根据《建设工程监理规范》，监理人员应参加（　　）主持召开的图纸会审会议。
A. 建设单位　　B. 施工单位
C. 施工图审查机构　　D. 设计单位

11. 【多选】项目监理机构控制工程进度的主要工作包括（　　）。
A. 审查施工方案
B. 审查施工总进度计划和阶段性施工进度计划
C. 检查施工进度计划的实施情况
D. 对实际进度进行调整
E. 比较分析工程施工实际进度与计划进度

考点 3 设备采购、监造及相关服务

12. 【单选】根据《建设工程监理规范》，项目监理机构应由（　　）审查设备制造单位报送的设备制造结算文件。
A. 监理员　　B. 总监理工程师代表
C. 专业监理工程师　　D. 总监理工程师

13. 【单选】承担工程保修阶段的服务工作时，监理单位的工作内容不包括（　　）。
A. 工程监理单位应当定期回访
B. 对于建设或使用单位提出的工程质量缺陷，应当安排监理人员检查和记录
C. 对工程质量缺陷原因进行调查，并与建设、施工单位协商确定责任归属
D. 对非施工原因造成的工程质量缺陷，不承担监理责任

14. 【多选】根据《建设工程监理规范》，属于设备监造工作的有（　　）。
A. 编制设备制造计划
B. 编制设备制造方案
C. 审查原材料的质量证明文件
D. 参加设备整机性能检测
E. 参加设备运到现场的交接

参考答案及解析

第三章　建设工程监理相关法律法规及标准

第一节　建设工程监理相关法律及行政法规

考点 1　相关法律

1. **【答案】** B

   【解析】 选项 A 错误，建设单位应当自领取施工许可证之日起 3 个月内开工。因故不能按期开工的，应当向发证机关申请延期；延期以两次为限，每次不超过 3 个月。既不开工又不申请延期或者超过延期时限的，施工许可证自行废止。选项 C 错误，建筑工程恢复施工时，应当向发证机关报告；中止施工满 1 年的工程恢复施工前，建设单位应当报发证机关核验施工许可证。选项 D 错误，建筑工程开工前，建设单位应当按照国家有关规定向工程所在地县级以上人民政府建设行政主管部门申请领取施工许可证。但是，国务院建设行政主管部门确定的限额以下的小型工程除外。

2. **【答案】** DE

   【解析】 选项 A 错误，提倡对建筑工程实行总承包，禁止将建筑工程肢解发包。选项 B 错误，按照合同约定，建筑材料、建筑构配件和设备由工程承包单位采购的，发包单位不得指定承包单位购入用于工程的建筑材料、建筑构配件和设备或者指定生产厂、供应商。选项 C 错误，共同承包的各方对承包合同的履行承担连带责任。

3. **【答案】** A

   【解析】 建设工程实行施工总承包的，由总承包单位负责施工现场安全。

4. **【答案】** C

   【解析】 根据《建筑法》，建设单位应当自领取施工许可证之日起 3 个月内开工。因故不能按期开工的，应当向发证机关申请延期；延期以两次为限，每次不超过 3 个月。既不开工又不申请延期或者超过延期时限的，施工许可证自行废止。

5. **【答案】** ABCE

   【解析】 根据《建筑法》，申请领取施工许可证应当具备下列条件：①已经办理该建筑工程用地批准手续；②依法应当办理建设工程规划许可证的，已经取得建设工程规划许可证；③需要拆迁的，其拆迁进度符合施工要求；④已经确定建筑施工企业；⑤有满足施工需要的资金安排、施工图纸及技术资料；⑥有保证工程质量和安全的具体措施。

6. **【答案】** C

   【解析】 建设单位应当自领取施工许可证之日起 3 个月内开工。因故不能按期开工的，应当向发证机关申请延期；延期以两次为限，每次不超过 3 个月。既不开工又不申请延期或者超过延期时限的，施工许可证自行废止。

7. 【答案】C

【解析】在建的建筑工程因故中止施工的，建设单位应当自中止施工之日起 1 个月内向发证机关报告，并按照规定做好建筑工程的维护管理工作。

8. 【答案】B

【解析】选项 A 错误，申请领取施工许可证，应当具备下列条件：①已经办理该建筑工程用地批准手续；②依法应当办理建设工程规划许可证的，已经取得建设工程规划许可证；③需要拆迁的，其拆迁进度符合施工要求；④已经确定建筑施工企业；⑤有满足施工需要的资金安排、施工图纸及技术资料；⑥有保证工程质量和安全的具体措施。选项 C 错误，建设单位应当自领取施工许可证之日起 3 个月内开工。因故不能按期开工的，应当向发证机关申请延期；延期以两次为限，每次不超过 3 个月。既不开工又不申请延期或者超过延期时限的，施工许可证自行废止。选项 D 错误，在建的建筑工程因故中止施工的，建设单位应当自中止施工之日起 1 个月内，向发证机关报告，并按照规定做好建筑工程的维护管理工作。

9. 【答案】C

【解析】按照国务院有关规定批准开工报告的建筑工程，因故不能按期开工或者中止施工的，应当及时向批准机关报告情况。因故不能按期开工超过 6 个月的，应当重新办理开工报告的批准手续。

10. 【答案】ABE

【解析】选项 C 错误，按照合同约定，建筑材料、建筑构配件和设备由工程承包单位采购的，发包单位不得指定承包单位购入用于工程的建筑材料、建筑构配件和设备或者指定生产厂、供应商。选项 D 错误，大型建筑工程或者结构复杂的建筑工程，可以由两个以上的承包单位联合共同承包。共同承包的各方对承包合同的履行承担连带责任。两个以上不同资质等级的单位实行联合共同承包的，应当按照资质等级低的单位的业务许可范围承揽工程。

11. 【答案】ACD

【解析】实施建筑工程监理前，建设单位应当将委托的工程监理单位、监理的内容及监理权限，书面通知被监理的建筑施工企业。

12. 【答案】CDE

【解析】有下列情形之一的，建设单位应当按照国家有关规定办理申请批准手续：①需要临时占用规划批准范围以外场地的；②可能损坏道路、管线、电力、邮电通讯等公共设施的；③需要临时停水、停电、中断道路交通的；④需要进行爆破作业的；⑤法律、法规规定需要办理报批手续的其他情形。

13. 【答案】ACDE

【解析】建筑施工企业和作业人员在施工过程中，应当遵守有关安全生产的法律、法规和建筑行业安全规章、规程，不得违章指挥或者违章作业。作业人员有权对影响人身健康的作业程序和作业条件提出改进意见，有权获得安全生产所需的防护用品。作业人员对危及生命安全和人身健康的行为有权提出批评、检举和控告。

14. **【答案】** A

【解析】 选项B错误，有下列情形之一的，建设单位应当按照国家有关规定办理申请批准手续：①需要临时占用规划批准范围以外场地的；②可能损坏道路、管线、电力、邮电通信等公共设施的；③需要临时停水、停电、中断道路交通的；④需要进行爆破作业的；⑤法律、法规规定需要办理报批手续的其他情形。选项C错误，涉及建筑主体和承重结构变动的装修工程，建设单位应当在施工前委托原设计单位或者具有相应资质条件的设计单位提出设计方案；没有设计方案的，不得施工。选项D错误，建设单位应当向建筑施工企业提供与施工现场相关的地下管线资料，建筑施工企业应当采取措施加以保护。

15. **【答案】** D

【解析】 根据《建筑法》，建筑施工企业应当依法为职工参加工伤保险，缴纳工伤保险费。鼓励企业为从事危险作业的职工办理意外伤害保险，支付保险费用。

16. **【答案】** C

【解析】 选项A错误，建筑施工企业应当依法为职工参加工伤保险缴纳工伤保险费。鼓励企业为从事危险作业的职工办理意外伤害保险，支付保险费。选项B错误，建筑施工企业应当建立健全劳动安全生产教育培训制度，加强对职工安全生产的教育培训；未经安全生产教育培训的人员，不得上岗作业。选项D错误，涉及建筑主体和承重结构变动的装修工程，建设单位应当在施工前委托原设计单位或者具有相应资质条件的设计单位提出设计方案；没有设计方案的，不得施工。

17. **【答案】** C

【解析】 根据《建筑法》，在建的建筑工程因故中止施工的，建设单位应当自中止施工之日起1个月内，向发证机关报告，并按照规定做好建筑工程的维护管理工作。

18. **【答案】** C

【解析】 根据《招标投标法》，招标人应当确定投标人编制投标文件所需要的合理时间。依法必须进行招标的项目，自招标文件开始发出之日起，至投标人提交投标文件截止之日止，最短不得少于20日。

19. **【答案】** ACD

【解析】 选项B错误，招标人不得向他人透露已获取招标文件的潜在投标人的名称、数量及可能影响公平竞争的有关招标投标的其他情况。选项E错误，招标人对已发出的招标文件进行必要的澄清或者修改的，应当在招标文件要求提交投标文件截止时间至少15日前，以书面形式通知所有招标文件收受人。

20. **【答案】** C

【解析】 招标人对已发出的招标文件进行必要的澄清或者修改的，应当在招标文件要求提交投标文件截止时间至少15日前，以书面形式通知所有招标文件收受人，该澄清或者修改的内容为招标文件的组成部分。

21. **【答案】** ABD

【解析】 投标人不得相互串通投标报价，不得排挤其他投标人的公平竞争、损害招标人或其他投标人的合法权益。投标人不得与招标人串通投标，损害国家利益、社会公共利益或者他人的合法权益。投标人不得以低于成本的报价竞标，也不得以他人名义投标或者以其他方式弄虚作假，骗取中标。

22. **【答案】** D

【解析】 选项A错误，招标人不得向他人透露已获取招标文件的潜在投标人的名称、数量以及可能影响公平竞争的有关招标投标的其他情况。选项B错误，招标人应当确定投标人编制投标文件所需要的合理时间，但是，依法必须进行招标的项目，自招标文件开始发出之日起至投标人提交投标文件截止之日止，最短不得少于20日。选项C错误，招标分为公开招标和邀请招标。

23. **【答案】** B

【解析】 依法必须进行招标的项目，其评标委员会由招标人的代表和有关技术、经济等方面的专家组成，成员人数为5人以上单数。其中，技术、经济等方面的专家不得少于成员总数的2/3。

24. **【答案】** D

【解析】 根据《招标投标法》，招标人和中标人应当自中标通知书发出之日起30日内，按照招标文件和中标人的投标文件订立书面合同。

25. **【答案】** BCD

【解析】 选项A错误，根据《招标投标法》，招标代理机构与行政机关和其他国家机关不得存在隶属关系或者其他利益关系。选项E错误，招标人对已发出的招标文件进行必要的澄清或者修改的，应当在招标文件要求提交投标文件截止时间至少15日前，以书面形式通知所有招标文件收受人。

26. **【答案】** C

【解析】 招标人应当确定投标人编制投标文件所需要的合理时间。依法必须进行招标的项目，自招标文件开始发出之日起至投标人提交投标文件截止之日止，最短不得少于20日。

27. **【答案】** A

【解析】 选项B、C错误，投标人应当在招标文件要求提交投标文件的截止时间前，将投标文件送达投标地点。招标人收到投标文件后，应当签收保存，不得开启。投标人少于3个的，招标人应当依照《招标投标法》重新招标。在招标文件要求提交投标文件的截止时间后送达的投标文件，招标人应当拒收。选项D错误，投标人在招标文件要求提交投标文件的截止时间前，可以补充、修改或者撤回已提交的投标文件，并书面通知招标人。补充、修改的内容为投标文件的组成部分。

28. **【答案】** BCE

【解析】 选项A错误，联合体各方均应具备承担招标项目的相应能力。国家有关规定或者招标文件对投标人资格条件有规定的，联合体各方均应当具备规定的相应资格条件。由同一专业的单位组成的联合体，按照资质等级较低的单位确定资质等级。选项D错误，联合体各方应当签订共同投标协议，明确约定各方拟承担的工作和责任，并将共同投标协议连同投标文件一并提交给招标人。联合体中标的，联合体各方应当共同与招标人签订合同，就中标项目向招标人承担连带责任。

29. **【答案】**ABCE

【解析】选项D错误，评标委员会应当按照招标文件确定的评标标准和方法，对投标文件进行评审和比较；设有标底的，应当参考标底。评标委员会完成评标后，应当向招标人提出书面评标报告，并推荐合格的中标候选人。招标人根据评标委员会提出的书面评标报告和推荐的中标候选人确定中标人。招标人也可以授权评标委员会直接确定中标人。

30. **【答案】**C

【解析】依法必须进行招标的项目，招标人应当自确定中标人之日起15日内，向有关行政监督部门提交招标投标情况的书面报告。

31. **【答案】**D

【解析】招标人和中标人应当自中标通知书发出之日起30日内，按照招标文件和中标人的投标文件订立书面合同。招标人和中标人不得再行订立背离合同实质性内容的其他协议。

32. **【答案】**D

【解析】《民法典》合同编第二分编典型合同中明确了19类合同，即：买卖合同，供用电、水、气、热力合同，赠与合同，借款合同，保证合同，租赁合同，融资租赁合同，保理合同，承揽合同，建设工程合同，运输合同，技术合同，保管合同，仓储合同，委托合同，物业服务合同，行纪合同，中介合同，合伙合同。其中，建设工程合同包括工程勘察、设计、施工合同。建设工程监理合同、项目管理服务合同属于委托合同。

33. **【答案】**A

【解析】《民法典》合同编第二分编典型合同中明确了19类合同，即：买卖合同，供用电、水、气、热力合同，赠与合同，借款合同，保证合同，租赁合同，融资租赁合同，保理合同，承揽合同，建设工程合同，运输合同，技术合同，保管合同，仓储合同，委托合同，物业服务合同，行纪合同，中介合同，合伙合同。其中，建设工程监理合同、项目管理服务合同则属于委托合同。

34. **【答案】**BCD

【解析】选项A错误，未办理批准等手续影响合同生效的，不影响合同中履行报批等义务条款以及相关条款的效力。选项E错误，合同不生效、无效、被撤销或者终止的，不影响合同中有关解决争议方法的条款的效力。

35. **【答案】**BCDE

【解析】选项A错误，建设工程合同属于一种特殊的承揽合同，包括工程勘察、设计、施工合同；建设工程监理合同、项目管理服务合同则属于委托合同。

36. **【答案】**ACD

【解析】选项B错误，以信件或者电报作出的要约，承诺期限自信件载明的日期或者电报交发之日开始计算；信件未载明日期的，自投寄该信件的邮戳日期开始计算。选项E

错误，承诺生效的地点为合同成立的地点。

37. 【答案】D

【解析】《民法典》合同编第二分编典型合同中明确了19类合同，即：买卖合同，供用电、水、气、热力合同，赠与合同，借款合同，保证合同，租赁合同，融资租赁合同，保理合同，承揽合同，建设工程合同，运输合同，技术合同，保管合同，仓储合同，委托合同，物业服务合同，行纪合同，中介合同，合伙合同。其中，建设工程合同包括工程勘察、设计、施工合同。建设工程监理合同、项目管理服务合同则属于委托合同。

38. 【答案】BCD

【解析】选项B错误，合同成立的必经阶段是要约和承诺。选项C错误，要约可以撤回，撤回要约的通知应当在要约到达受要约人之前或者与要约同时到达受要约人。选项D错误，承诺是受要约人同意要约的意思表示。

39. 【答案】B

【解析】执行政府定价或政府指导价的，在合同约定的交付期限内政府价格调整时，按照交付时的价格计价。逾期交付标的物的，遇价格上涨时，按照原价格执行；价格下降时，按照新价格执行。逾期提取标的物或者逾期付款的，遇价格上涨时，按照新价格执行；价格下降时，按照原价格执行。

40. 【答案】ACDE

【解析】应当先履行债务的当事人，有确切证据证明对方有下列情形之一的，可以中止履行：①经营状况严重恶化；②转移财产、抽逃资金，以逃避债务；③丧失商业信誉；④有丧失或者可能丧失履行债务能力的其他情形。

41. 【答案】BCE

【解析】合同解除的，该合同的权利义务关系终止；债权债务终止后，当事人应当遵循诚信等原则，根据交易习惯履行通知、协助、保密、旧物回收等义务。合同的权利义务关系终止，不影响合同中结算和清理条款的效力。

42. 【答案】ACE

【解析】委托人的主要权利和义务：①委托人应当预付处理委托事务的费用。②有偿的委托合同，因受托人的过错给委托人造成损失的，委托人可以要求赔失损失。无偿的委托合同，因受托人的故意或者重大过失给委托人造成损失的，委托人可以要求赔偿损失。受托人超越权限给委托人造成损失的，应当赔偿损失。③受托人完成委托事务的，委托人应当向其支付报酬。受托人的主要权利和义务：①受托人应当按照委托人的指示处理委托事务。②受托人应当亲自处理委托事务。经委托人同意，受托人可以转委托。转委托经同意或者追认的，委托人可以就委托事务直接指示转委托的第三人，受托人仅就第三人的选任及其对第三人的指示承担责任。③委托人经受托人同意，可以在受托人之外委托第三人处理委托事务。因此造成受托人损失的，受托人可以向委托人请求赔偿损失。

43. 【答案】ABE

【解析】生产经营单位的主要负责人对本单位安全生产工作负有下列职责：①建立、健全并落实本单位全员安全生产责任制，加强安全生产标准化建设；②组织制定并实施本

单位安全生产规章制度和操作规程；③组织制定并实施本单位安全生产教育和培训计划；④保证本单位安全生产投入的有效实施；⑤组织建立并落实安全风险分级管控和隐患排查治理双重预防工作机制，督促、检查本单位的安全生产工作，及时消除生产安全事故隐患；⑥组织制定并实施本单位的生产安全事故应急救援预案；⑦及时、如实报告生产安全事故。

44. **【答案】** ACDE

【解析】 生产经营单位的主要负责人对本单位安全生产工作负有下列职责：①建立、健全并落实本单位全员安全生产责任制，加强安全生产标准化建设；②组织制订并实施本单位安全生产规章制度和操作规程；③组织制订并实施本单位安全生产教育和培训计划；④保证本单位安全生产投入的有效实施；⑤组织建立并落实安全风险分级管控和隐患排查治理双重预防工作机制，督促、检查本单位的安全生产工作，及时消除生产安全事故隐患；⑥组织制定并实施本单位的生产安全事故应急救援预案；⑦及时、如实报告生产安全事故。

45. **【答案】** CDE

【解析】 生产经营单位的安全生产管理机构以及安全生产管理人员应履行下列职责：①组织或者参与拟订本单位安全生产规章制度、操作规程和生产安全事故应急救援预案；②组织或者参与本单位安全生产教育和培训，如实记录安全生产教育和培训情况；③组织开展危险源辨识和评估，督促落实本单位重大危险源的安全管理措施；④组织或者参与本单位应急救援演练；⑤检查本单位的安全生产状况，及时排查生产安全事故隐患，提出改进安全生产管理的建议；⑥制止和纠正违章指挥、强令冒险作业、违反操作规程的行为；⑦督促落实本单位安全生产整改措施。

46. **【答案】** B

【解析】 从业人员发现直接危及人身安全的紧急情况时，有权停止作业或者在采取可能的应急措施后撤离作业场所。

47. **【答案】** D

【解析】 发生生产安全事故，对负有责任的生产经营单位除要求其依法承担相应的赔偿等责任外，由应急管理部门依照下列规定处以罚款：①发生一般事故的，处 30 万元以上 100 万元以下的罚款；②发生较大事故的，处 100 万元以上 200 万元以下的罚款；③发生重大事故的，处 200 万元以上 1 000 万元以下的罚款；④发生特别重大事故的，处 1 000 万元以上 2 000 万元以下的罚款。发生生产安全事故，情节特别严重、影响特别恶劣的，应急管理部门可以按照上述罚款数额的 2 倍以上 5 倍以下对负有责任的生产经营单位处以罚款。

48. **【答案】** ACE

【解析】 选项 A 正确，根据《安全生产法》，生产经营单位必须依法参加工伤保险，为从业人员缴纳保险费。选项 B 错误，矿山、金属冶炼、建筑施工、运输单位和危险物品的生产、经营、储存、装卸单位（无使用单位），应当设置安全生产管理机构或者配备专职安全生产管理人员，上属单位以外的其他生产经营单位，从业人员超过 100 人的，应当设置安全生产管理机构或者配备专职安全生产管理人员；从业人员在100人以下的，应当配备专职或者兼职的安全生产管理人员。选项C正确、选项D错误，生产经营单位的主要负责人应保证本单位安全生产投入的有效实施，组织制定并实施本单位的生产安全事故应急救援预案。选项E正确，生产经营单位应当建立安全风险分级管控制度，按照安全风险分级采取相应的管控措施。

49. **【答案】** A

【解析】 生产经营单位的主要负责人对本单位安全生产工作负有下列职责：①建立、健全并落实本单位全员安全生产责任制，加强安全生产标准化建设；②组织制定并实施本单位安全生产规章制度和操作规程；③组织制定并实施本单位安全生产教育和培训计划；④保证本单位安全生产投入的有效实施；⑤组织建立并落实安全风险分级管控和隐患排查治理双重预防工作机制，督促、检查本单位的安全生产工作，及时消除生产安全事故隐患；⑥组织制定并实施本单位的生产安全事故应急救援预案；⑦及时、如实报告生产安全事故。选项B、C、D均属于安全生产管理机构和安全生产管理人员的职责。

考点2 行政法规

50. **【答案】** ABE

【解析】 建设工程竣工验收应当具备的条件包括：①完成建设工程设计和合同约定的各项内容；②有完整的技术档案和施工管理资料；③有工程使用的主要建筑材料、建筑构配件和设备的进场试验报告；④有勘察、设计、施工、工程监理等单位分别签署的质量合格文件；⑤有施工单位签署的工程保修书。

51. **【答案】** D

【解析】 根据《建设工程质量管理条例》，建设单位有下列行为之一的，责令改正，处20万元以上50万元以下的罚款：①迫使承包方以低于成本的价格竞标的；②任意压缩合理工期的；③明示或者暗示设计单位或者施工单位违反工程建设强制性标准，降低工程质量的；④施工图设计文件未经审查或者审查不合格，擅自施工的；⑤建设项目必须实行工程监理而未实行工程监理的；⑥未按照国家规定办理工程质量监督手续的；⑦明示或者暗示施工单位使用不合格的建筑材料、建筑构配件和设备的；⑧未按照国家规定将竣工验收报告、有关认可文件或者准许使用文件报送备案的。

52. **【答案】** A

【解析】 选项B、D属于监理单位的质量责任和义务；选项C属于施工单位的质量责任和义务。

53. **【答案】** CDE

【解析】 设计单位应当就审查合格的施工图设计文件向施工单位作出详细说明。除有特殊要求的建筑材料、专用设备、工艺生产线等外，设计单位不得指定生产厂、供应商。设计单位还应当参与建设工程质量事故分析，并对因设计造成的质量事故，提出相应的技术处理方案。

54. **【答案】** C

【解析】施工单位的质量责任和义务包括：①工程承揽；②工程施工质量责任和义务，其中包括建立健全教育培训制度，加强对职工的教育培训；③质量检验。选项A、B、D属于建设单位的质量责任和义务。

55.【答案】ACE

【解析】选项B错误，施工单位在施工过程中发现设计文件和图纸有差错的，应当及时提出意见和建议。选项D错误，施工人员对涉及结构安全的试块、试件以及有关材料，应当在建设单位或者工程监理单位监督下现场取样，并送具有相应资质等级的质量检测单位进行检测。

56.【答案】BCD

【解析】工程监理单位应当在其资质等级许可的监理范围内，承担工程监理业务。工程监理单位应当根据建设单位的委托，客观、公正地执行监理任务。工程监理单位与被监理工程的承包单位以及建筑材料、建筑构配件和设备供应单位不得有隶属关系或者其他利害关系。工程监理单位不得转让工程监理业务。

57.【答案】ABD

【解析】建设工程承包单位在向建设单位提交工程竣工验收报告时，应当向建设单位出具质量保修书。质量保修书中应当明确建设工程的保修范围、保修期限和保修责任等。

58.【答案】D

【解析】在正常使用条件下，建设工程的最低保修期限为：①基础设施工程、房屋建筑的地基基础工程和主体结构工程，为设计文件规定的该工程的合理使用年限；②屋面防水工程、有防水要求的卫生间、房间和外墙面的防渗漏，为5年；③供热与供冷系统，为2个采暖期、供冷期；④电气管线、给排水管道、设备安装和装修工程，为2年。

59.【答案】ACD

【解析】在正常使用条件下，建设工程的最低保修期限为：①基础设施工程、房屋建筑的地基基础工程和主体结构工程，为设计文件规定的该工程合理使用年限；②屋面防水工程、有防水要求的卫生间、房间和外墙面的防渗漏，为5年；③供热与供冷系统，为2个采暖期、供冷期；④电气管道、给排水管道、设备安装和装修工程，为2年。其他工程的保修期限由发包方与承包方约定。建设工程的保修期自竣工验收合格之日起计算。

60.【答案】B

【解析】根据《建设工程质量管理条例》，涉及建筑主体和承重结构变动的装修工程，建设单位应当在施工前委托原设计单位或者具有相应资质条件的设计单位提出设计方案；没有设计方案的，不得施工。

61.【答案】A

【解析】根据《建设工程质量管理条例》，在正常使用条件下，建设工程的最低保修期限为：①基础设施工程、房屋建筑的地基基础工程和主体结构工程，为设计文件规定的该工程的合理使用年限；②屋面防水工程、有防水要求的卫生间、房间和外墙面的防渗漏，为5年；③供热与供冷系统，为2个采暖期、供冷期；④电气管线、给排水管道、设备安装和装修工程，为 2 年。

62. **【答案】** AB

【解析】 根据《建设工程质量管理条例》，建设工程竣工验收应当具备下列条件：①完成建设工程设计和合同约定的各项内容；②有完整的技术档案和施工管理资料；③有工程使用的主要建筑材料、建筑构配件和设备的进场试验报告；④有勘察、设计、施工、工程监理等单位分别签署的质量合格文件；⑤有施工单位签署的工程保修书。

63. **【答案】** B

【解析】 建设单位在申请领取施工许可证时，应当提供建设工程有关安全施工措施的资料。依法批准开工报告的建设工程，建设单位应当自开工报告批准之日起 15 日内，将保证安全施工的措施报送建设工程所在地的县级以上地方人民政府建设行政主管部门或者其他有关部门备案。

64. **【答案】** B

【解析】 建设单位在编制工程概算时，应当确定建设工程安全作业环境及安全施工措施所需费用。选项 A、C、D 属于施工单位的安全责任。

65. **【答案】** ACE

【解析】 选项 B 错误，建设单位应当将拆除工程发包给具有相应资质等级的施工单位，并在拆除工程施工 15 日前，将资料报送建设工程所在地的县级以上地方人民政府建设行政主管部门或者其他有关部门备案。选项 D 错误，工程监理单位应当审查施工组织设计中的安全技术措施或者专项施工方案是否符合工程建设强制性标准。

66. **【答案】** BCDE

【解析】 施工现场卫生、环境与消防安全管理：①施工单位应当将施工现场的办公、生活区与作业区分开设置，并保持安全距离；办公、生活区的选址应当符合安全性要求。职工的膳食、饮水、休息场所等应当符合卫生标准。施工单位不得在尚未竣工的建筑物内设置员工集体宿舍。施工现场临时搭建的建筑物应当符合安全使用要求。施工现场使用的装配式活动房屋应当具有产品合格证。②施工单位对因建设工程施工可能造成损害的毗邻建筑物、构筑物和地下管线等，应当采取专项防护措施。施工单位应当遵守有关环境保护法律、法规的规定，在施工现场采取措施，防止或者减少粉尘、废气、废水、固体废物、噪声、振动和施工照明对人和环境的危害和污染。在城市市区内的建设工程，施工单位应当对施工现场实行封闭围挡。③施工单位应当在施工现场建立消防安全责任制度，确定消防安全责任人，制定用火、用电、使用易燃易爆材料等各项消防安全管理制度和操作规程，设置消防通道、消防水源，配备消防设施和灭火器材，并在施工现场入口处设置明显标志。

67. **【答案】** D

【解析】 选项 A、C 属于建设单位的安全责任。选项 B 错误，施工单位应当为施工现场从事危险作业的人员办理意外伤害保险。

68. **【答案】** BCDE

【解析】 选项 A 属于建设单位的安全责任。

69. 【答案】ACE

【解析】建设单位的安全责任：①提供资料。建设单位应当向施工单位提供施工现场及毗邻区域内供水、排水、供电、供气、供热、通信、广播电视等地下管线资料，气象和水文观测资料，相邻建筑物和构筑物、地下工程的有关资料，并保证资料的真实、准确、完整。②禁止行为。建设单位不得对勘察、设计、施工、工程监理等单位提出不符合建设工程安全生产法律、法规和强制性标准规定的要求，不得压缩合同约定的工期；不得明示或者暗示施工单位购买、租赁、使用不符合安全施工要求的安全防护用具、机械设备、施工机具及配件、消防设施和器材。③安全施工措施及其费用。建设单位在编制工程概算时，应当确定建设工程安全作业环境及安全施工措施所需费用；在申请领取施工许可证时，应当提供建设工程有关安全施工措施的资料。④拆除工程发包与备案。选项B属于勘察单位的安全责任，选项D属于施工单位的安全责任。

70. 【答案】B

【解析】设计单位应当按照法律、法规和工程建设强制性标准进行设计，防止因设计不合理导致生产安全事故的发生。设计单位应当考虑施工安全操作和防护的需要，对涉及施工安全的重点部位和环节在设计文件中注明，并对防范生产安全事故提出指导意见。采用新结构、新材料、新工艺的建设工程和特殊结构的建设工程，设计单位应当在设计中提出保障施工作业人员安全和预防生产安全事故的措施建议。设计单位和注册建筑师等注册执业人员应当对其设计负责。选项B属于机械设备配件供应单位的安全责任。

71. 【答案】C

【解析】对于达到一定规模的危险性较大的分部分项工程编制专项施工方案，并附具安全验算结果，经施工单位技术负责人、总监理工程师签字后实施，由专职安全生产管理人员进行现场监督。

72. 【答案】C

【解析】根据生产安全事故（以下简称事故）造成的人员伤亡或者直接经济损失，事故一般分为以下等级：①特别重大事故，是指造成30人以上死亡，或者100人以上重伤（包括急性工业中毒，下同），或者1亿元以上直接经济损失的事故；②重大事故，是指造成10人以上30人以下死亡，或者50人以上100人以下重伤，或者5 000万元以上1亿元以下直接经济损失的事故；③较大事故，是指造成3人以上10人以下死亡，或者10人以上50人以下重伤，或者1 000万元以上5 000万元以下直接经济损失的事故；④一般事故，是指造成3人以下死亡，或者10人以下重伤，或者1 000万元以下直接经济损失的事故。所称的“以上”包括本数，“以下”不包括本数。

73. 【答案】D

【解析】根据生产安全事故（以下简称事故）造成的人员伤亡或者直接经济损失，事故一般分为以下等级：①特别重大事故，是指造成30人以上死亡，或者100人以上重伤（包括急性工业中毒，下同），或者1亿元以上直接经济损失的事故；②重大事故，是指造成10人以上30人以下死亡，或者50人以上100人以下重伤，或者5 000万元以上1亿元以下直接经济损失的事故；③较大事故，是指造成3人以上10人以下死亡，或者10人以上50人以下重伤，或者1 000万元以上5 000万元以下直接经济损失的事故；④一般事故，是指造成3人以下死亡，或者10人以下重伤，或者1 000万元以下直接经济损失的事故。所称的“以上”包括本数，“以下”不包括本数。

74. 【答案】B

【解析】根据生产安全事故造成的人员伤亡或者直接经济损失，特别重大事故是指造成30人及以上死亡，或者100人及以上重伤（包括急性工业中毒），或者1亿元以上直接经济损失的事故。

75. 【答案】D

【解析】重大生产安全事故是指造成10（含）人以上30人以下死亡，或者50（含）人以上100人以下重伤，或者5 000（含）万元以上1亿元以下直接经济损失的事故。

76. 【答案】A

【解析】事故发生后，事故现场有关人员应当立即向本单位负责人报告；单位负责人接到报告后，应当于1h内向事故发生地县级以上人民政府安全生产监督管理部门和负有安全生产监督管理职责的有关部门报告。

77. 【答案】A

【解析】事故调查组应当自事故发生之日起60日内提交事故调查报告；特殊情况下，经负责事故调查的人民政府批准，提交事故调查报告的期限可以适当延长，但延长的期限最长不超过60日。

78. 【答案】B

【解析】事故发生单位对事故发生负有责任的，发生重大事故时，处50万元以上200万元以下的罚款。

79. 【答案】D

【解析】可采用邀请招标的情形包括：①技术复杂、有特殊要求或者受自然环境限制，只有少量潜在投标人可供选择；②采用公开招标方式的费用占项目合同金额的比例过大。

80. 【答案】CDE

【解析】选项A错误，资格预审文件或者招标文件的发售期不得少于5日。选项B错误，潜在投标人或者其他利害关系人对招标文件有异议的，应当在投标截止时间10日前提出。

81. 【答案】BCD

【解析】有下列情形之一的，视为投标人相互串通投标：①不同投标人的投标文件由同一单位或者个人编制；②不同投标人委托同一单位或者个人办理投标事宜；③不同投标人的投标文件载明的项目管理成员为同一人；④不同投标人的投标文件异常一致或者投标报价呈规律性差异；⑤不同投标人的投标文件相互混装；⑥不同投标人的投标保证金从同一单位或者个人的账户转出。

82. 【答案】B

【解析】招标人最迟应当在书面合同签订后5日内向中标人和未中标的投标人退还投标

保证金及银行同期存款利息。

83.【答案】B

【解析】根据《建设工程安全生产管理条例》，施工单位应当自施工起重机械和整体提升脚手架、模板等自升式架设设施验收合格之日起30日内，向建设行政主管部门或者其他有关部门登记。登记标志应当置于或者附着于该设备的显著位置。

84.【答案】B

【解析】选项A错误，根据《建筑法》，国家推行建筑工程监理制度，国务院可以规定实行强制监理的建筑工程的范围。选项C错误，工程监理单位与被监理工程的承包单位以及建筑材料、建筑构配件和设备供应单位不得有隶属关系或者其他利害关系。选项D错误，建筑工程监理应当依照法律、行政法规及有关的技术标准、设计文件和建筑工程承包合同，对承包单位在施工质量、建设工期和建设资金使用等方面，代表建设单位实施监督，并在其资质等级许可的监理范围内，承担工程监理业务。

85.【答案】ABDE

【解析】根据《生产安全事故报告和调查处理条例》，事故报告应当包括下列内容：①事故发生单位概况；②事故发生的时间、地点以及事故现场情况；③事故的简要经过；④事故已经造成或者可能造成的伤亡人数（包括下落不明的人数）和初步估计的直接经济损失；⑤已经采取的措施；⑥其他应当报告的情况。

86.【答案】B

【解析】施工单位应当制定本单位生产安全事故应急救援预案，建立应急救援组织或者配备应急救援人员，配备必要的应急救援器材、设备，并定期组织演练。

87.【答案】ABC

【解析】根据《招标投标法实施条例》，国有资金占控股或者主导地位的依法必须进行招标的项目，应当公开招标；但有下列情形之一的，可以邀请招标：①技术复杂，有特殊要求或者受自然环境限制，只有少量潜在投标人可供选择；②采用公开招标方式的费用占项目合同金额的比例过大。

88.【答案】AC

【解析】根据《建设工程安全生产管理条例》，工程监理单位在实施监理过程中，发现存在安全事故隐患的，应当要求施工单位整改；情况严重的，应当要求施工单位暂时停止施工，并及时报告建设单位。施工单位拒不整改或者不停止施工的，工程监理单位应当及时向有关主管部门报告。

89.【答案】ACE

【解析】建设工程发包单位不得迫使承包方以低于成本的价格竞标，不得任意压缩合理工期。建设单位不得明示或者暗示设计单位或者施工单位违反工程建设强制性标准，降低建设工程质量。施工图设计文件未经审查批准的，不得使用。建设单位应当严格按照国家有关档案管理的规定，及时收集、整理建设项目各环节的文件资料，建立、健全建设项目档案，并在建设工程竣工验收后，及时向建设行政主管部门或者其他有关部门移交建设项目档案。

90.【答案】ACD

【解析】建设单位的质量责任和义务：①工程发包。建设单位应当将工程发包给具有相应资质等级的单位。建设单位不得将建设工程肢解发包。建设单位应当依法对工程建设项目的勘察、设计、施工、监理以及与工程建设有关的重要设备、材料等的采购进行招标。不得迫使承包方以低于成本的价格竞标，不得任意压缩合理工期；不得明示或者暗示设计单位或者施工单位违反工程建设强制性标准，降低工程质量。建设单位必须向有关的勘察、设计、施工、工程监理等单位提供与建设工程有关的原始资料。原始资料必须真实、准确、齐全。②施工图设计文件审查。施工图设计文件未经审查批准的，不得使用。③委托工程监理。实行监理的建设工程，建设单位应当委托监理。④工程施工阶段责任和义务。⑤组织工程竣工验收。选项B属于勘察单位的质量责任和义务，选项E属于施工单位的质量责任和义务。

91.【答案】D

【解析】选项A、B错误，建设单位在开工前，应当按照国家有关规定办理工程质量监督手续，工程质量监督手续可以与施工许可证或者开工报告合并办理。建设单位收到建设工程竣工报告后，应当组织设计、施工、工程监理等有关单位进行竣工验收。选项C错误，施工单位必须按照工程设计图纸和施工技术标准施工，不得擅自修改工程设计，不得偷工减料。施工单位在施工过程中发现设计文件和图纸有差错的，应当及时提出意见和建议。

92.【答案】A

【解析】选项A正确，工程监理单位应当依照法律、法规以及有关技术标准、设计文件和建设工程承包合同，代表建设单位对施工质量实施监理，并对施工质量承担监理责任。选项B错误，监理单位发现施工图有差错应上报建设单位。选项C错误，施工人员对涉及结构安全的试块、试件以及有关材料，应当在建设单位或者工程监理单位监督下现场取样，并送具有相应资质等级的质量检测单位进行检测。选项D错误，建设单位收到建设工程竣工报告后，应当根据施工图纸及说明书、国家颁发的施工验收规范和质量检验标准，及时组织设计、施工、工程监理等有关单位进行竣工验收。

93.【答案】C

【解析】工程监理单位应当选派具备相应资格的总监理工程师和监理工程师进驻施工现场。未经监理工程师签字，建筑材料、建筑构配件和设备不得在工程上使用或者安装，施工单位不得进行下一道工序的施工。未经总监理工程师签字，建设单位不拨付工程款，不进行竣工验收。

94.【答案】ADE

【解析】监理工程师应当按照工程监理规范的要求，采取旁站、巡视和平行检验等形式，对建设工程实施监理。

95.【答案】ABD

【解析】工程监理单位应当依法取得相应等级的资质证书，并在其资质等级许可的范围内承担工程监理业务。工程监理单位与被监理工程的施工承包单位以及建筑材料、建筑构配件和设备供应单位有隶属关系或者其他利害关系的，不得承担该项建设工程的监理业务。工程监理单位应当选派具备相应资格的总监理工程师和监理工程师进驻施工现场。未经监理工程师签字，建筑材料、建筑构配件和设备不得在工程上使用或者安装，施工单位不得进行下一道工序的施工。未经总监理工程师签字，建设单位不拨付工程款，不进行竣工验收。监理工程师应当按照工程监理规范的要求，采取旁站、巡视和平行检验等形式，对建设工程实施监理。

96. **【答案】** B

【解析】 建设工程的保修期自竣工验收合格之日起计算。

97. **【答案】** BC

【解析】 在正常使用条件下，建设工程的最低保修期限为：①基础设施工程、房屋建筑的地基基础工程和主体结构工程，为设计文件规定的该工程的合理使用年限；②屋面防水工程、有防水要求的卫生间、房间和外墙面的防渗漏，为5年；③供热与供冷系统，为2个采暖期、供冷期；④电气管线、给排水管道、设备安装和装修工程，为2年。

98. **【答案】** D

【解析】 建设工程发生质量事故，有关单位应当在24小时内向当地建设行政主管部门和其他有关部门报告。

99. **【答案】** ABE

【解析】 根据《建设工程质量管理条例》，有下列行为之一的，责令改正，处10万元以上30万元以下的罚款：①勘察单位未按照工程建设强制性标准进行勘察的；②设计单位未根据勘察成果文件进行工程设计的；③设计单位指定建筑材料、建筑构配件的生产厂、供应商的；④设计单位未按照工程建设强制性标准进行设计的。

100. **【答案】** ACE

【解析】 选项B错误，根据《建设工程质量管理条例》，未按照国家规定办理工程质量监督手续的，处20万元以上50万元以下的罚款。选项D错误，工程监理单位不得转让建设工程监理任务。

101. **【答案】** D

【解析】 工程监理单位应当审查施工组织设计中的安全技术措施或者专项施工方案是否符合工程建设强制性标准。工程监理单位在实施监理过程中，发现存在安全事故隐患的，应当要求施工单位整改；情况严重的，应当要求施工单位暂时停止施工，并及时报告建设单位。施工单位拒不整改或者不停止施工的，工程监理单位应当及时向有关主管部门报告。工程监理单位和监理工程师应当按照法律、法规和工程建设强制性标准实施监理，并对建设工程安全生产承担监理责任。

102. **【答案】** ABD

【解析】 设计单位应当按照法律、法规和工程建设强制性标准进行设计，防止因设计不合理导致生产安全事故的发生。设计单位应当考虑施工安全操作和防护的需要，对涉及施工安全的重点部位和环节在设计文件中注明，并对防范生产安全事故提出指导意见。采用新结构、新材料、新工艺的建设工程和特殊结构的建设工程，设计单位应当

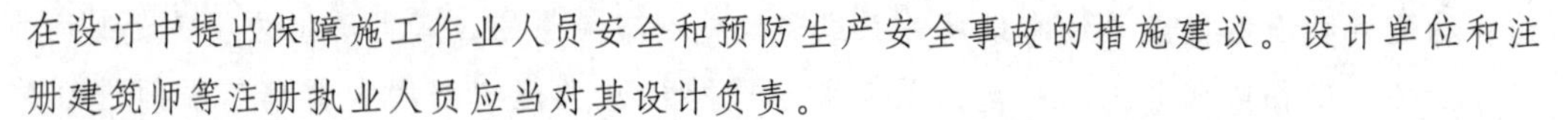

在设计中提出保障施工作业人员安全和预防生产安全事故的措施建议。设计单位和注册建筑师等注册执业人员应当对其设计负责。

103. **【答案】**AB

【解析】工程监理单位应当审查施工组织设计中的安全技术措施或者专项施工方案是否符合工程建设强制性标准。工程监理单位在实施监理过程中，发现存在安全事故隐患的，应当要求施工单位整改；情况严重的，应当要求施工单位暂时停止施工，并及时报告建设单位。施工单位拒不整改或者不停止施工的，工程监理单位应当及时向有关主管部门报告。工程监理单位和监理工程师应当按照法律、法规和工程建设强制性标准实施监理，并对建设工程安全生产承担监理责任。

104. **【答案】**A

【解析】施工单位对列入建设工程概算的安全作业环境及安全施工措施所需费用，应当用于施工安全防护用具及设施的采购和更新、安全施工措施的落实、安全生产条件的改善，不得挪作他用。

105. **【答案】**B

【解析】建设工程实行施工总承包的，由总承包单位对施工现场的安全生产负总责。总承包单位应当自行完成建设工程主体结构的施工。总承包单位依法将建设工程分包给其他单位的，分包合同中应当明确各自的安全生产方面的权利、义务。总承包单位和分包单位对分包工程的安全生产承担连带责任。分包单位应当服从总承包单位的安全生产管理，分包单位不服从管理导致生产安全事故的，由分包单位承担主要责任。

106. **【答案】**ACDE

【解析】垂直运输机械作业人员、安装拆卸工、爆破作业人员、起重信号工、登高架设作业人员等特种作业人员，必须按照国家有关规定经过专门的安全作业培训，并取得特种作业操作资格证书后，方可上岗作业。

107. **【答案】**C

【解析】施工单位应当在施工组织设计中编制安全技术措施和施工现场临时用电方案，对下列达到一定规模的危险性较大的分部分项工程编制专项施工方案，并附具安全验算结果，经施工单位技术负责人、总监理工程师签字后实施，由专职安全生产管理人员进行现场监督：①基坑支护与降水工程；②土方开挖工程；③模板工程；④起重吊装工程；⑤脚手架工程；⑥拆除、爆破工程；⑦国务院建设行政主管部门或者其他有关部门规定的其他危险性较大的工程。对上述所列工程中涉及深基坑、地下暗挖工程、高大模板工程的专项施工方案，施工单位还应当组织专家进行论证、审查。

108. **【答案】**ABE

【解析】施工单位应当在施工组织设计中编制安全技术措施和施工现场临时用电方案，对下列达到一定规模的危险性较大的分部分项工程编制专项施工方案，并附具安全验算结果，经施工单位技术负责人、总监理工程师签字后实施，由专职安全生产管理人员进行现场监督：①基坑支护与降水工程；②土方开挖工程；③模板工程；④起重吊装工程；⑤脚手架工程；⑥拆除、爆破工程；⑦国务院建设行政主管部门或者其他有关部门规定的其他危险性较大的工程。对前款所列工程中涉及深基坑、地下暗挖工程、高大模板工程的专项施工方案，施工单位还应当组织专家进行论证、审查。

109. **【答案】** C

【解析】 施工单位应当建立健全安全生产教育培训制度，应当对管理人员和作业人员每年至少进行一次安全生产教育培训，其教育培训情况记入个人工作档案。安全生产教育培训考核不合格的人员，不得上岗。

110. **【答案】** AB

【解析】 根据《建设工程安全生产管理条例》，违反本条例的规定，建设单位有下列行为之一的，责令限期改正，处 20 万元以上 50 万元以下的罚款；造成重大安全事故，构成犯罪的，对直接责任人员，依照刑法有关规定追究刑事责任；造成损失的，依法承担赔偿责任：①对勘察、设计、施工、工程监理等单位提出不符合安全生产法律、法规和强制性标准规定的要求的；②要求施工单位压缩合同约定的工期的；③将拆除工程发包给不具有相应资质等级的施工单位的。

111. **【答案】** AE

【解析】 选项 B 错误，出租单位出租未经安全性能检测或者经检测不合格的机械设备和施工机具及配件的，责令停业整顿，并处 5 万元以上 10 万元以下的罚款；造成损失的，依法承担赔偿责任。选项 C、D 错误，施工单位有下列行为之一的，责令限期改正；逾期未改正的，责令停业整顿，并处 5 万元以上 10 万元以下的罚款；造成重大安全事故，构成犯罪的，对直接责任人员，依照刑法有关规定追究刑事责任：施工前未对有关安全施工的技术要求作出详细说明的；未根据不同施工阶段和周围环境及季节、气候的变化，在施工现场采取相应的安全施工措施，或者在城市市区内的建设工程的施工现场未实行封闭围挡的；在尚未竣工的建筑物内设置员工集体宿舍的；施工现场临时搭建的建筑物不符合安全使用要求的；未对因建设工程施工可能造成损害的毗邻建筑物、构筑物和地下管线等采取专项防护措施的。

112. **【答案】** A

【解析】 根据生产安全事故（以下简称事故）造成的人员伤亡或者直接经济损失，事故一般分为以下等级：①特别重大事故，是指造成 30 人以上死亡，或者 100 人以上重伤(包括急性工业中毒，下同)，或者 1 亿元以上直接经济损失的事故；②重大事故，是指造成 10 人以上 30 人以下死亡，或者 50 人以上 100 人以下重伤，或者 5 000 万元以上 1 亿元以下直接经济损失的事故；③较大事故，是指造成 3 人以上 10 人以下死亡，或者 10 人以上 50 人以下重伤，或者 1 000 万元以上 5 000 万元以下直接经济损失的事故；④一般事故，是指造成 3 人以下死亡，或者 10 人以下重伤，或者 1 000 万元以下直接经济损失的事故。所称的“以上”包括本数，“以下”不包括本数。

113. **【答案】** D

【解析】 事故调查组应履行下列职责：①查明事故发生的经过、原因、人员伤亡情况及直接经济损失；②认定事故的性质和事故责任；③提出对事故责任者的处理建议；④总结事故教训，提出防范和整改措施；⑤提交事故调查报告。

114. 【答案】ABDE

【解析】事故调查报告应当包括下列内容：①事故发生单位概况；②事故发生经过和事故救援情况；③事故造成的人员伤亡和直接经济损失；④事故发生的原因和事故性质；⑤事故责任的认定以及对事故责任者的处理建议；⑥事故防范和整改措施。

115. 【答案】BDE

【解析】事故发生单位对事故发生负有责任的，依照下列规定处以罚款：①发生一般事故的，处 10 万元以上 20 万元以下的罚款；②发生较大事故的，处 20 万元以上 50 万元以下的罚款；③发生重大事故的，处 50 万元以上 200 万元以下的罚款；④发生特别重大事故的，处 200 万元以上 500 万元以下的罚款。

116. 【答案】D

【解析】事故发生单位对事故发生负有责任的，由有关部门依法暂扣或者吊销其有关证照；对事故发生单位负有事故责任的有关人员，依法暂停或者撤销其与安全生产有关的执业资格、岗位证书；事故发生单位主要负责人受到刑事处罚或者撤职处分的，自刑罚执行完毕或者受处分之日起，5 年内不得担任任何生产经营单位的主要负责人。

117. 【答案】A

【解析】按照国家有关规定需要履行项目审批、核准手续的依法必须进行招标的项目，其招标范围、招标方式、招标组织形式应当报项目审批、核准部门审批、核准。

118. 【答案】C

【解析】除《招标投标法》规定的可以不进行招标的特殊情况外，有下列情形之一的，可以不进行招标：①需要采用不可替代的专利或者专有技术；②采购人依法能够自行建设、生产或者提供；③已通过招标方式选定的特许经营项目投资人依法能够自行建设、生产或者提供；④需要向原中标人采购工程、货物或者服务，否则将影响施工或者功能配套要求；⑤国家规定的其他特殊情形。

119. 【答案】B

【解析】招标人应当合理确定提交资格预审申请文件的时间。依法必须进行招标的项目提交资格预审申请文件的时间，自资格预审文件停止发售之日起不得少于 5 日。

120. 【答案】D

【解析】潜在投标人或者其他利害关系人对资格预审文件有异议的，应当在提交资格预审申请文件截止时间 2 日前提出；对招标文件有异议的，应当在投标截止时间 10 日前提出。招标人应当自收到异议之日起 3 日内作出答复；作出答复前，应当暂停招标投标活动。

121. 【答案】A

【解析】招标人在招标文件中要求投标人提交投标保证金的，投标保证金不得超过招标项目估算价的 2%。投标保证金有效期应当与投标有效期一致。依法必须进行招标的项目的境内投标单位，以现金或者支票形式提交的投标保证金应当从其基本账户转出。招标人最迟应当在书面合同签订后 5 日内向中标人和未中标的投标人退还投标保证金及银行同期存款利息。

122. 【答案】B

【解析】投标人撤回已提交的投标文件，应当在投标截止时间前书面通知招标人。招标人已收取投标保证金的，应当自收到投标人书面撤回通知之日起5日内退还。投标截止后投标人撤销投标文件的，招标人可以不退还投标保证金。

123. 【答案】A

【解析】依法必须进行招标的项目，招标人应当自收到评标报告之日起3日内公示中标候选人，公示期不得少于3日。投标人或者其他利害关系人对依法必须进行招标的项目的评标结果有异议的，应当在中标候选人公示期间提出。招标人应当自收到异议之日起3日内作出答复。作出答复前，应当暂停招标投标活动。

124. 【答案】A

【解析】招标文件要求中标人提交履约保证金的，中标人应当按照招标文件的要求提交。履约保证金不得超过中标合同金额的10%。

第二节　建设工程监理规范

考点 1 《建设工程监理规范》概要

1. 【答案】C

【解析】一名注册监理工程师可担任一项建设工程监理合同的总监理工程师。当需要同时担任多项建设工程监理合同的监理工程师时，应经建设单位书面同意，且最多不得超过三项。

2. 【答案】D

【解析】总监理工程师应组织专业监理工程师审查施工单位报送的开工报审表及相关资料，报建设单位批准后，总监理工程师签发工程开工令。

3. 【答案】A

【解析】总监理工程师应组织专业监理工程师审查施工单位报送的开工报审表及相关资料，报建设单位批准后，总监理工程师签发工程开工令。

4. 【答案】ADE

【解析】总监理工程师不得将下列工作委托给总监理工程师代表：①组织编制监理规划，审批监理实施细则；②根据工程进展及监理工作情况调配监理人员；③组织审查施工组织设计、（专项）施工方案；④签发工程开工令、暂停令和复工令；⑤签发工程款支付证书，组织审核竣工结算；⑥调解建设单位与施工单位的合同争议，处理工程索赔；⑦审查施工单位的竣工申请，组织工程竣工预验收，组织编写工程质量评估报告，参与工程竣工验收；⑧参与或配合工程质量安全事故的调查和处理。

5. 【答案】ABC

【解析】选项D错误，专业监理工程师应该具有工程类注册执业资格或具有中级及以上专业技术职称、2年及以上工程实践经验并经监理业务培训。选项E错误，监理员应该具有中专及以上学历并经过监理业务培训。

6. 【答案】ABE

【解析】工程开工前，建设单位应将工程监理单位的名称，监理的范围、内容和权限及总监理工程师的姓名书面通知施工单位。

7. 【答案】C

【解析】总监理工程师代表是指经工程监理单位法定代表人同意，由总监理工程师书面授权，代表总监理工程师行使其部分职责和权力，具有工程类注册执业资格或具有中级及以上专业技术职称、3 年及以上工程实践经验并经监理业务培训的人员。

8. 【答案】ABCE

【解析】项目监理机构应审查施工单位报审的施工组织设计，符合要求时，应由总监理工程师签认后报建设单位。项目监理机构应要求施工单位按已批准的施工组织设计组织施工。施工组织设计需要调整时，项目监理机构应按程序重新审查。施工组织设计审查应包括下列基本内容：①编审程序应符合相关规定；②施工进度、施工方案及工程质量保证措施应符合施工合同要求；③资金、劳动力、材料、设备等资源供应计划应满足工程施工需要；④安全技术措施应符合工程建设强制性标准；⑤施工总平面布置应科学合理。

考点 2 建设工程监理核心工作

9. 【答案】BCE

【解析】监理机构控制工程质量的工作包括：审查施工单位现场的质量管理组织机构、管理制度及专职管理人员和特种作业人员的资格；审查施工单位报审的施工方案；审查施工单位报送的新材料、新工艺、新技术、新设备的质量认证材料和相关验收标准的适用性；检查、复核施工单位报送的施工控制测量成果及保护措施；查验施工单位在施工过程中报送的施工测量放线成果；检查施工单位为工程提供服务的试验室；审查施工单位报送的用于工程的材料、构配件、设备的质量证明文件；对用于工程的材料进行见证取样、平行检验；审查施工单位定期提交影响工程质量的计量设备的检查和检定报告；对关键部位、关键工序进行旁站；对工程施工质量进行巡视；对施工质量进行平行检验；验收施工单位报验的隐蔽工程、检验批、分项工程和分部工程；处置施工质量问题、质量缺陷、质量事故；审查施工单位提交的单位工程竣工验收报审表及竣工资料，组织工程竣工预验收；编写工程质量评估报告；参加工程竣工验收等。

10. 【答案】A

【解析】根据《建设工程监理规范》，项目监理机构监理人员应熟悉工程设计文件，并参加建设单位主持召开的图纸会审和设计交底会议。

11. 【答案】BCE

【解析】项目监理机构控制工程进度的主要工作包括：审查施工单位报审的施工总进度计划和阶段性施工进度计划；检查施工进度计划的实施情况；比较分析工程施工实际进度与计划进度，预测实际进度对工程总工期的影响等。选项 A 属于控制工程质量的主要工作，选项 D 属于施工单位的主要工作。

考点 3　设备采购、监造及相关服务

12. 【答案】C

【解析】专业监理工程师应审查设备制造单位报送的设备制造结算文件，提出审查意见，并应由总监理工程师签署意见后报建设单位。

13. 【答案】D

【解析】监理机构在工程保修阶段的工作内容：①承担工程保修阶段的服务工作时，工程监理单位应定期回访；②对建设单位或使用单位提出的工程质量缺陷，工程监理单位应安排监理人员进行检查和记录，并应要求施工单位予以修复，同时应监督实施，合格后应予以签认；③工程监理单位应对工程质量缺陷原因进行调查，并应与建设单位、施工单位协商确定责任归属。对非施工单位原因造成的工程质量缺陷，应核实施工单位申报的修复工程费用，并应签认工程款支付证书，同时应报建设单位。

14. 【答案】CDE

【解析】选项 A、B 错误，项目监理机构应检查设备制造单位的质量管理体系，并应审查设备制造单位报送的设备制造生产计划和工艺方案。选项 C 正确，专业监理工程师应审查设备制造的原材料、外购配套件、元器件、标准件，以及坯料的质量证明文件及检验报告，并应审查设备制造单位提交的报验资料，符合规定时应予以签认。选项 D 正确，项目监理机构应参加设备整机性能检测、调试和出厂验收，符合要求后应予以签认。选项 E 正确，设备运到现场后，项目监理机构应参加由设备制造单位按合同约定与接收单位的交接工作。

第四章　工程监理企业与监理工程师

第一节　工程监理企业

➤ **重难点：**

1. 工程监理企业组织形式。
2. 工程监理企业经营活动准则。

考点 1　工程监理企业组织形式

1. **【单选】** 工程监理企业资质分为综合资质和专业资质，综合资质分为（　　）。

   A. 不分等级　　B. 甲级、乙级

   C. 甲级、乙级、丙级　　D. 一级、二级

2. **【多选】** 下列关于工程监理企业资质等级的说法，正确的有（　　）。

   A. 工程监理企业资质分为综合资质和专业资质

   B. 工程监理企业专业资质分为甲级、乙级、丙级

   C. 公路工程监理企业资质分为甲级、乙级、机电专项

   D. 水利工程监理单位资质分为水利工程施工监理、水土保持工程施工监理、水利工程建设环境保护监理三个专业

   E. 水利工程施工监理专业资质分为甲级、乙级和丙级

3. **【单选】** 关于设立公司制企业的要求，下列说法正确的是（　　）。

   A. 股份有限公司的章程由股东共同制定

   B. 股份有限公司的发起人应在 3 人以上、200 人以下

   C. 有限责任公司应由 50 个以下的股东出资设立

   D. 有限责任公司的经理经股东会选举产生，由董事长聘任

4. **【单选】** 下列关于有限责任公司的说法，正确的是（　　）。

   A. 公司应由 50 个股东出资设立

   B. 公司董事会成员为 3～13 人

   C. 公司经理由董事长聘任或解聘

   D. 公司监事会成员不得少于 5 人

5.【单选】下列关于监理有限责任公司设立董事会的说法，正确的是（　　）。

A. 董事会成员为3～13人

B. 董事会成员不超过5人

C. 董事会成员应在23人以下

D. 执行董事不得兼任公司经理

6.【多选】下列关于监理有限责任公司的说法，正确的有（　　）。

A. 股东会是公司的权力机构

B. 设董事会时，其成员数量为2～13人

C. 公司经理对董事会负责，行使公司管理职权

D. 设监事会时，其成员数量为1～3人

E. 公司应有名称和住所

考点 2　工程监理企业经营活动准则

7.【单选】工程监理企业在核定的资质等级和业务范围内从事监理活动，体现了监理企业从事工程监理活动的（　　）准则。

A. 守法　　B. 诚信

C. 公平　　D. 科学

8.【单选】下列行为中，体现工程监理单位科学化实施监理的是（　　）。

A. 配备相应的检测试验设备

B. 以合同为依据调解建设单位与施工单位的争议

C. 实事求是地编写监理日志

D. 按工程量清单进行工程计量

9.【多选】工程监理企业从事建设工程监理活动，应当遵循“守法、诚信、公平、科学”的准则，其中“守法”的具体要求为（　　）。

A. 在核定的业务范围内开展经营活动

B. 按照合同的约定认真履行其义务

C. 不伪造、涂改、出租、出借、转让、出卖资质等级证书

D. 离开原住所地承接监理业务，要主动向监理工程所在地省级建设行政主管部门备案登记，接受其指导和监督

E. 建立健全内部管理规章制度

10.【多选】下列关于工程监理企业遵循“诚信”经营活动准则的说法，正确的有（　　）。

A. 配置先进的科学仪器开展监理工作

B. 诚信原则的主要作用在于指导当事人按合同约定履行义务

C. 应及时处理不诚信、履职不到位的工程监理人员

D. 按有关规定和合同约定进行施工现场检查和工程验收

E. 提高专业技术能力

第二节　监理工程师

➢ **重难点：**

1. 监理工程师资格考试科目及报考条件。
2. 监理工程师职业道德。

考点 1　监理工程师资格考试和注册

1. **【单选】** 根据《监理工程师职业资格制度规定》，监理工程师职业资格考试成绩实行（　　）年为一个周期的滚动管理办法。

A. 1　　B. 2

C. 3　　D. 4

2. **【单选】** 根据《监理工程师职业资格制度规定》，具有各工程大类专业大学专科学历，从事工程监理、施工、设计等业务工作满（　　）年者，可以申请参加监理工程师职业资格考试。

A. 3　　B. 4

C. 5　　D. 6

3. **【多选】** 根据《监理工程师职业资格制度规定》，下列关于监理工程师资格考试的说法，正确的有（　　）。

A. 监理工程师职业资格考试属于水平评价类职业资格考试

B. 监理工程师职业资格考试全国统一考试大纲、统一命题、统一阅卷

C. 已取得监理工程师一种专业职业资格证书的人员，报考其他专业科目的，可免考基础科目

D. 具有各工程大类专业大学本科学历，从事工程施工业务工作满 3 年即可报考

E. 具有工学一级学科博士学位，从事工程业务工作满 1 年即可报考

4. **【单选】** 根据《监理工程师职业资格考试实施办法》，已取得监理工程师一种专业职业资格证书的人员，报名参加其他专业科目考试的，可免考（　　）科目。

A. 专业　　B. 基础

C. 案例　　D. 实务

5. **【单选】** 根据《监理工程师职业资格考试实施办法》，对于免考基础科目和增加专业类别的人员，专业科目成绩实行（　　）年为一个周期的滚动管理办法。

A. 4　　B. 3

C. 2　　D. 1

6. **【多选】** 下列关于注册监理工程师的说法，正确的有（　　）。

A. 国家对监理工程师职业资格实行执业注册管理制度

B. 监理工程师注册是政府对工程监理执业人员实行市场准入控制的有效手段

C. 住房和城乡建设部、交通运输部、水利部按专业类别分别负责监理工程师注册工作

D. 取得监理工程师职业资格证书且从事工程监理工作的人员，方可以注册监理工程师名义执业

E. 取得监理工程师职业资格证书且经注册的人员，方可以注册监理工程师名义执业

7. **【单选】**根据《监理工程师职业资格制度规定》，下列申请参加监理工程师职业资格考试的条件，正确的是（　　）。

A. 具有工程类专业大学专科学历，从事工程施工、监理、设计等业务工作满 5 年

B. 具有工程类专业大学本科学历或学位，从事工程施工、监理、设计等业务工作满 3 年

C. 具有工程一级学科硕士学位或专业学位，从事工程施工、监理、设计等业务工作满 3 年

D. 具有工程一级学科博士学位，从事工程施工、监理、设计等业务工作满 1 年

8. **【单选】**政府对工程监理执业人员实行市场准入控制的手段是对监理工程师实行（　　）。

A. 滚动管理　　B. 继续教育

C. 注册管理　　D. 定期审核

9. **【多选】**监理工程师资格考试的专业科目成绩，需按照 2 年为一个周期进行滚动管理的有（　　）的人员。

A. 具有工学、管理科学与工程一级学科博士学位

B. 具有工程师及以上职称，从事工程施工、监理、设计等业务满 15 年

C. 取得公路、水运工程监理工程师资格证书后增加专业类别

D. 取得水利工程监理工程师资格证书后增加专业类别

E. 取得土木建筑工程监理工程师资格证书后增加专业类别

考点 2　监理工程师职业道德

10. **【多选】**注册监理工程师在执业活动中应严格遵守的职业道德守则有（　　）。

A. 履行工程监理合同规定的义务

B. 根据本人的能力从事相应的执业活动

C. 不以个人名义承揽监理业务

D. 接受继续教育

E. 坚持独立自主地开展工作

11. **【多选】**监理工程师的职业道德要求中，“廉洁从业，不谋取不正当利益”的具体行为要求有（　　）。

A. 不为所监理工程指定建筑构配件、设备生产厂家

B. 不收受所监理工程施工单位的任何礼金、有价证券

C. 不同时在两个以上工程监理单位注册和从事监理活动

D. 严格按工程技术标准提供专业化技术服务

E. 保守商业秘密，不泄露所监理工程各参建方认为需要保密的事项

12. 【多选】下列行为中，属于注册监理工程师职业道德守则的有（　　）。

A. 不以个人名义承揽监理业务

B. 在企业所在地范围内从事执业活动

C. 不泄露所监理工程各方认为需要保密的事项

D. 坚持独立自主地开展工作

E. 保证执业活动成果达到质量认证标准

参考答案及解析

第四章　工程监理企业与监理工程师

第一节　工程监理企业

考点 1　工程监理企业组织形式

1. 【答案】A

【解析】工程监理企业资质分为综合资质和专业资质，综合资质不分等级，专业资质等级分为甲级、乙级。

2. 【答案】ACE

【解析】选项B错误，工程监理企业专业资质等级分为甲级、乙级。选项D错误，水利工程监理单位资质分为水利工程施工监理、水土保持工程施工监理、机电及金属结构设备制造监理和水利工程建设环境保护监理四个专业。

3. 【答案】C

【解析】选项A错误，股份有限公司的章程由发起人制定。选项B错误，股份有限公司的发起人应在2人以上、200人以下。选项D错误，有限责任公司可以设经理，由董事会决定聘任或者解聘。

4. 【答案】B

【解析】选项A错误，有限责任公司由50个以下股东出资设立。选项C错误，有限责任公司可以设经理，由董事会决定聘任或者解聘。选项D错误，有限责任公司设监事会，其成员不得少于3人；股东人数较少或者规模较小的有限责任公司，可以设1～2名监事，不设监事会。

5. 【答案】A

【解析】有限责任公司设董事会，其成员为3～13人。股东人数较少或者规模较小的有限责任公司，可以设1名执行董事，不设董事会。执行董事可以兼任公司经理。

6. 【答案】ACE

【解析】选项B错误，有限责任公司设董事会，其成员为3～13人。选项D错误，有限责任公司设监事会，其成员不得少于3人；股东人数较少或者规模较小的有限责任公司，可以设1～2名监事，不设监事会。

考点 2　工程监理企业经营活动准则

7. 【答案】A

【解析】“守法”准则体现在：自觉遵守相关法律法规及行业自律公约和诚信守则，在核定的资质等级和业务范围内从事监理活动，不得超越资质或挂靠承揽业务。

8. 【答案】A

【解析】工程监理企业从事建设工程监理活动，应当遵循“守法、诚信、公平、科学”的准则。其中，科学准则是指实施建设工程监理，必须借助于先进的科学仪器才能做好监理工作，如各种检测、试验、化验仪器，摄录像设备及计算机等。

9. 【答案】ABCD

【解析】对于工程监理企业来说，守法即是要依法经营，主要体现在：①在核定的资质等级和业务范围内从事监理活动，不得超越资质或挂靠承揽业务。②不伪造、涂改、出租、出借、转让、出卖资质等级证书及从业人员执业资格证书，不出租、出借企业相关资信证明，不转让监理业务。③在监理投标活动中，坚持诚实信用原则，不弄虚作假，不串标、不围标，不以低于成本价参与竞争。公平竞争，不扰乱市场秩序。④依法依规签订建设工程监理合同，不签订有损国家、集体或他人利益的虚假合同或附加条款。严格按照建设工程监理合同约定履行义务，不违背自己承诺。⑤不与被监理工程的施工及材料、构配件和设备供应单位有隶属关系或其他利害关系，不谋取非法利益。⑥在异地承接监理业务的，自觉遵守工程所在地有关规定，主动向工程所在地建设主管部门备案登记，接受其指导和监督管理。

10. 【答案】CD

【解析】工程监理企业诚信行为主要体现在以下几方面：①建立诚信建设制度，激励诚信，惩戒失信。定期进行诚信建设制度实施情况检查考核，及时处理不诚信和履职不到位人员。②依据相关法律法规、《建设工程监理规范》及合同约定，组建监理机构和派遣监理人员，配备必要的设备设施，开展工程监理工作。③不弄虚作假、降低工程质量，不将不合格的建设工程、建筑材料、建筑构配件和设备按照合格签字，不以索、拿、卡、要等手段向建设单位、施工单位谋取不当利益，不以虚假行为损害工程建设各方合法权益。④按规定进行检查和验证，按标准进行工程验收，确保工程监理全过程各项资料的真实性、时效性和完整性。⑤加强内部管理，建立企业内部信用管理责任制度，开展廉洁执业教育，及时检查和评估企业信用实施情况，健全服务质量考评体系和信用评价体系，不断提高企业信用管理水平。⑥履行保密义务，不泄露商业秘密及保密工程的相关情况。⑦不用虚假资料申报各类奖项、荣誉，不参与非法社团组织的各类评奖等活动。⑧积极承担社会责任，践行社会公德，确保监理服务质量，维护国家和公众利益。⑨自觉践行自律公约，接受政府主管部门对监理工作的监督检查。

第二节 监理工程师

考点 1 监理工程师资格考试和注册

1. 【答案】D

【解析】监理工程师职业资格考试成绩实行 4 年为一个周期的滚动管理办法，在连续的 4 个考试年度内通过全部考试科目，方可取得监理工程师职业资格证书。

2. 【答案】B

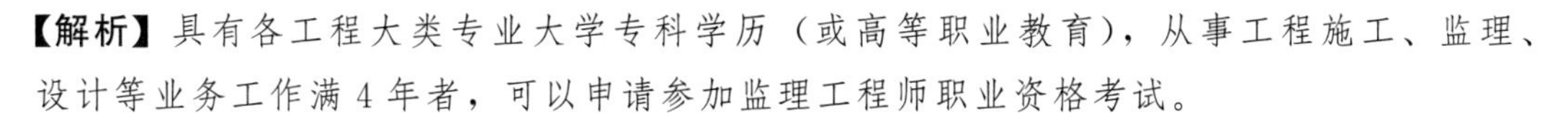

【解析】具有各工程大类专业大学专科学历（或高等职业教育），从事工程施工、监理、设计等业务工作满4年者，可以申请参加监理工程师职业资格考试。

3.【答案】CD

【解析】选项A错误，国家设置监理工程师准入类职业资格，将其纳入国家职业资格目录。选项B错误，监理工程师职业资格考试全国统一大纲、统一命题、统一组织。选项E错误，具有工学、管理科学与工程一级学科博士学位，可直接报考。

4.【答案】B

【解析】根据《监理工程师职业资格考试实施办法》，土木建筑工程、交通运输工程、水利工程3个专业的考试成绩实行4年为一个周期的滚动管理。已取得监理工程师一种专业职业资格证书的人员，报名参加其他专业科目考试的，可免考基础科目。

5.【答案】C

【解析】监理工程师职业资格考试分为土木建筑工程、交通运输工程、水利工程3个专业。考试成绩实行4年为一个周期的滚动管理。可免考基础科目的，专业科目成绩按照2年为一个周期滚动管理。

6.【答案】ABC

【解析】国家对监理工程师职业资格实行执业注册管理制度。监理工程师注册是政府对工程监理执业人员实行市场准入控制的有效手段。取得监理工程师职业资格证书且从事工程监理及相关业务活动的人员，经过注册方可以注册监理工程师名义执业。住房和城乡建设部、交通运输部、水利部按专业类别分别负责监理工程师注册及相关工作。

7.【答案】B

【解析】监理工程师职业资格报考条件：凡遵守中华人民共和国宪法、法律、法规，具有良好的业务素质和道德品行，具备下列条件之一者，可以申请参加监理工程师职业资格考试：①具有各工程大类专业大学专科学历（或高等职业教育），从事工程施工、监理、设计等业务工作满4年；②具有工学、管理科学与工程类专业大学本科学历或学位，从事工程施工、监理、设计等业务工作满3年；③具有工学、管理科学与工程一级学科硕士学位或专业学位，从事工程施工、监理、设计等业务工作满2年；具有工学、管理科学与工程一级学科博士学位。

8.【答案】C

【解析】国家对监理工程师职业资格实行执业注册管理制度。监理工程师注册是政府对工程监理执业人员实行市场准入控制的有效手段。

9.【答案】CDE

【解析】监理工程师资格考试成绩实行4年为一个周期的滚动管理。已取得监理工程师一种专业职业资格证书的人员，报名参加其他专业科目考试的，可免考基础科目。免考基础科目和增加专业类别的人员，专业科目成绩按照2年为一个周期滚动管理。

考点2　监理工程师职业道德

10.【答案】ACE

【解析】监理工程师应严格遵守如下职业道德守则：①遵法守规，守信。维护国家的荣誉和利益，遵守法规和行业自律公约，讲信誉，守承诺，坚持实事求是，"公平、独立、诚信、科学"地开展工作。②严格监理，优质服务。执行有关工程建设法律、法规、标准和制度，履行工程监理合同规定的义务，提供专业化服务，保障工程质量和投资效益，改进服务措施，维护业主权益和公共利益。③恪尽职守，爱岗敬业。遵守建设工程监理人员职业道德行为准则，履行岗位职责，做好本职工作，热爱监理事业，维护行业信誉。④团结协作，尊重他人。树立团队意识，加强沟通交流，团结互助，不损害各方的名誉。⑤加强学习，提升能力，积极参加专业培训，努力学习专业技术和工程监理知识，不断提高业务能力和监理水平。⑥维护形象，保守秘密。抵制不正之风，廉洁从业，不谋取不正当利益。不为所监理工程指定承包商，建筑构配件、设备、材料生产厂家；不收受施工单位的任何礼金、有价证券等；不转借、出租、伪造、涂改监理证书及其他相关资信证明，不以个人名义承揽监理业务；不同时在两个或两个以上工程监理单位注册和从事监理活动；不在政府部门和施工、材料设备的生产供应等单位兼职。树立良好的职业形象。保守商业秘密，不泄露所监理工程各方认为需要保密的事项。选项B、D属于监理工程师享有的权利。

11. 【答案】ABCE

【解析】抵制不正之风，廉洁从业，不谋取不正当利益的具体行为要求包括：①不为所监理工程指定承包商，建筑构配件、设备、材料生产厂家；②不收受施工单位的任何礼金、有价证券等；③不转借、出租、伪造、涂改监理证书及其他相关资信证明，不以个人名义承揽监理业务；④不同时在两个或两个以上工程监理单位注册和从事监理活动；⑤不在政府部门和施工、材料设备的生产供应等单位兼职；⑥保守商业秘密，不泄露所监理工程各方认为需要保密的事项。

12. 【答案】AC

【解析】监理工程师职业道德：①遵法守规，诚实守信。②严格监理，优质服务。③恪尽职守，爱岗敬业。④团结协作，尊重他人。⑤加强学习，提升能力。⑥维护形象，保守秘密。抵制不正之风，廉洁从业，不谋取不正当利益。不为所监理工程指定承包商，建筑构配件、设备、材料生产厂家；不收受施工单位的任何礼金、有价证券等；不转借、出租、伪造、涂改监理证书及其他相关资信证明，不以个人名义承揽监理业务；不同时在两个或两个以上工程监理单位注册和从事监理活动；不在政府部门和施工、材料设备的生产供应等单位兼职。树立良好的职业形象。保守商业秘密，不泄露所监理工程各方认为需要保密的事项。

第五章　建设工程监理招投标与合同管理

第一节　建设工程监理招标程序和评标方法

➢ **重难点：**

1. 建设工程监理招标方式和程序。
2. 建设工程监理评标内容和方法。

考点 1　建设工程监理招标方式和程序

1. **【多选】** 建设单位在选择监理招标方式时，应重点考虑的因素有（　　）。

   A. 有关必须招标项目的法律法规规定

   B. 工程项目的特点

   C. 工程项目的工程量

   D. 监理单位的选择空间

   E. 工程实施的急迫程度

2. **【单选】** 采用邀请招标方式选择工程监理单位时，建设单位的正确做法是（　　）。

   A. 只需发布招标公告，不需要进行资格预审

   B. 不仅需要发布招标公告，而且需要进行资格预审

   C. 既不需要发布招标公告，也不进行资格预审

   D. 不需要发布招标公告，但需要进行资格预审

3. **【单选】** 通过邀请招标方式确定监理人的，建设单位应进行的工作是（　　）。

   A. 发出投标邀请书　　B. 发出招标公告

   C. 发售招标方案　　D. 进行资格预审

4. **【单选】** 工程监理公开招标的工作包括：①招标准备；②组织资格审查；③召开投标预备会；④发出中标通知书。仅就上述工作而言，正确的工作流程是（　　）。

   A. ①→②→③→④　　B. ①→③→②→④

   C. ③→①→②→④　　D. ②→①→③→④

5. **【单选】** 下列不属于招标公告与投标邀请书应当载明的内容的是（　　）。

   A. 建设单位的名称和地址　　B. 招标项目的性质

C. 招标项目的实施地点　　D. 投标邀请函

6. 【单选】下列工作中，公开招标和邀请招标均包含的环节是（　　）。

A. 发布招标公告　　B. 发售招标文件

C. 进行资格后审　　D. 进行资格预审

7. 【多选】工程监理招标方案应包含的内容有（　　）。

A. 招标方式选择　　B. 监理标段划分

C. 投标人须知　　D. 评标专家名单

E. 招标工作进度安排

8. 【多选】下列关于建设工程监理招标方式的说法，正确的有（　　）。

扫码听课

A. 建设工程监理招标可分为公开招标、邀请招标、委托招标三种方式

B. 公开招标是建设单位以投标邀请书方式邀请工程监理单位参加投标

C. 公开招标属于非限制性竞争招标

D. 邀请招标可进行必要的资格审查

E. 邀请招标能够邀请到有经验和资信可靠的工程监理单位投标

9. 【多选】建设工程监理招标方案中需要明确的内容有（　　）。

A. 监理招标组织

B. 监理标段划分

C. 监理投标人条件确定

D. 监理招标工作进度安排

E. 监理招标程序

10. 【单选】对申请参加监理投标的潜在投标人进行资格预审的目的是（　　）。

A. 排除不合格的投标人

B. 选择实力强的投标人

C. 排除不满意的投标人

D. 便于对投标人能力进行考察

11. 【单选】下列工作中，属于评标委员会工作内容的是（　　）。

A. 掌握招标工程的主要特点和需求

B. 编制招标文件及评标办法

C. 编写投标资格预审公告

D. 将招标投标情况书面报告招标投标监督机构

12. 【单选】关于投标资格审查的说法，正确的是（　　）。

A. 资格审查限制了潜在投标人公平获取投标竞争的机会

B. 资格审查增加了招标人和投标人的资源投入

C. 资格审查不能确保潜在投标人满足招标项目的资格条件

D. 资格审查是为了排除不合格的投标人和降低招标成本

13. 【单选】关于公开招标和邀请招标的说法，正确的是（　　）。

A. 公开招标有助于实现公平竞争

B. 邀请招标能够杜绝串标、抬标和围标现象

C. 公开招标的招标时间长但招标费用低

D. 邀请招标属于非限制性竞争招标

考点 2　建设工程监理评标内容和方法

14.【单选】建设工程监理招标的标的是（　　）。

A. 监理酬金　　B. 监理设备

C. 监理人员　　D. 监理服务

15.【单选】在建设工程监理招标中，选择工程监理单位应遵循的最重要的原则是（　　）。

A. 报价优先　　B. 基于制度的要求

C. 技术优先　　D. 基于能力的选择

16.【多选】建设工程监理评标时，对投标人应着重评价的内容有（　　）。

A. 类似工程监理业绩和经验

B. 总监理工程师的综合能力和业绩

C. 监理规划及巡视方案

D. 试验检测仪器设备配备

E. 监理服务费调整系数

17.【多选】建设工程监理评标时应重点评审监理大纲的（　　）。

A. 全面性　　B. 程序性

C. 针对性　　D. 科学性

E. 创新性

18.【多选】工程监理评标中，监理大纲针对性评审的内容有（　　）。

A. 针对项目特点所列举的相关监理业绩清单

B. 针对项目特点确定的质量控制措施

C. 针对项目特点确定的进度控制措施

D. 针对项目特点确定的旁站项目清单及旁站方案

E. 针对项目特点确定的计量控制措施

第二节　建设工程监理投标工作内容和策略

➢ **重难点：**

1. 决策树分析法。
2. 监理大纲编制。
3. 建设工程监理投标策略。
4. 建设工程监理费用计取方法。

考点 1 建设工程监理投标工作内容

1. 【单选】工程监理投标工作包括：①购买招标文件；②进行投标决策；③编制投标文件；④递送投标文件并参加开标会。仅就上述工作而言，正确的工作流程是（　　）。

A. ①→②→④→③　　B. ①→③→④→②

C. ①→②→③→④　　D. ②→①→③→④

2. 【多选】某工程监理企业采用决策树分析法对监理投标方案进行定量分析时，决策树中考虑的因素有（　　）。

A. 中标概率　　B. 可能的利润值

C. 损益期望值　　D. 业主期望值

E. 中标率的最大值

3. 【多选】进行监理投标决策定量分析时，利用决策树分析法确定是否投标的工作内容有（　　）。

A. 确定决策树的方案枝

B. 确定各个评价指标权重

C. 计算损益值

D. 比较损益期望值的大小

E. 确定是否投标

4. 【多选】工程监理单位编制投标文件应遵循的原则有（　　）。

A. 明确监理任务分工

B. 响应监理招标文件要求

C. 调查研究竞争对手投标策略

D. 深入领会招标文件意图

E. 尽可能使投标文件内容深入而全面

5. 【单选】下列关于监理大纲、监理规划和监理实施细则的说法，正确的是（　　）。

A. 监理规划应符合监理实施细则的要求

B. 监理规划由总监理工程师组织编制，经监理单位技术负责人审核

C. 委托监理的工程项目均应编制监理大纲、监理规划和监理实施细则

D. 监理实施细则由专业监理工程师负责编制，经监理单位技术负责人批准

6. 【单选】工程监理投标文件的核心内容是（　　）。

A. 针对工程具体情况进行项目特征分析

B. 向建设单位提出附加服务承诺

C. 体现建设单位期望的监理服务费建议书

D. 反映监理单位服务水平的监理大纲

7. 【单选】工程监理单位进行投标决策时，先确定投标的各项指标及其权重，再计算各项指标得分并汇总后，由此决定是否投标的方法是（　　）。

A. 决策树分析法　　B. 风险评估法

C. 综合评价法　　　　D. 敏感性分析法

8. 【多选】监理投标文件应包含的内容有（　　）。

A. 投标函

B. 资格审查材料

C. 法定代表人授权委托书

D. 监理实施细则

E. 监理报酬清单

9. 【多选】常用的投标决策定量分析方法有（　　）。

扫码听课

A. 决策树分析法

B. 德尔菲法

C. 网络计划法

D. 综合评价法

E. 蒙特卡罗模拟法

10. 【单选】工程监理企业经调查分析决定投标后，首先要明确的内容是（　　）。

A. 投标程序　　　　B. 投标目标

C. 投标策略　　　　D. 投标方式

11. 【单选】根据《标准监理招标文件》，属于监理投标文件内容的是（　　）。

A. 投标人须知　　　　B. 监理大纲

C. 合同条款　　　　D. 监理规划

12. 【单选】建设工程监理大纲的内容包括（　　）。

扫码听课

A. 监理实施方案

B. 监理企业组织机构

C. 监理工作细则

D. 监理绩效考核标准

13. 【单选】投标决策的综合评价法是将影响投标决策的主客观因素用某些指标表示出来，进行（　　）后决定是否参加投标的一种方法。

A. 定性综合评价

B. 定量综合评价

C. 客观综合评价

D. 动态综合评价

考点 2　建设工程监理投标策略

14. 【单选】在监理投标文件中展示其在工程设计方面的优势，并承诺提供设计优化服务，是工程监理单位采取的以（　　）取胜策略。

A. 信誉　　　　B. 口碑

C. 附加服务　　　　D. 正常服务

考点 3 建设工程监理费用计取方法

15. 【单选】下列工程监理费用计取方法中，适用于临时性、短期监理（咨询）业务活动的是（　　）。
   A. 建设投资百分比法
   B. 工程建设强度法
   C. 监理（咨询）人员工时法
   D. 监理（咨询）服务内容法

第三节　建设工程监理合同管理

> **重难点：**
> 1. 建设工程监理合同特点及主要内容。
> 2. 委托人、监理人主要义务。
> 3. 委托人、监理人违约责任。

考点 1 建设工程监理合同订立

1. 【单选】下列关于建设工程监理合同的说法，正确的是（　　）。
   A. 工程监理合同属于建设工程合同
   B. 工程监理合同当事人双方必须是具有法人资格的企业单位
   C. 工程监理合同的标的是服务
   D. 工程监理合同履行结果是物质成果
2. 【单选】根据《标准监理招标文件》，下列关于合同附件格式的说法，正确的是（　　）。
   A. 合同附件格式包括合同协议书、履约保证金格式和安全、廉政责任书格式
   B. 合同协议书是合同组成文件中唯一要求委托人和监理人签字盖章的法律文书
   C. 合同附件格式中要求履约保证金采用有条件担保方式
   D. 合同附件格式中要求履约担保至委托人签发工程竣工验收证书之日失效
3. 【单选】根据《标准监理招标文件》，监理服务期限自（　　）起计算。
   A. 开始监理通知中载明的开始监理日期
   B. 招标文件中载明的开始监理日期
   C. 监理规划中载明的开始监理日期
   D. 监理人实际进场日期
4. 【单选】建设工程监理合同文件包括：①专用合同条款；②中标通知书；③监理报酬清单等。仅就上述合同文件而言，正确的优先解释顺序是（　　）。
   A. ①—②—③　　　　B. ②—①—③
   C. ③—②—①　　　　D. ②—③—①

5. **【单选】**下列合同不产生物质成果，只是履行监理义务的是（　　）。

A. 勘察合同　　B. 监理合同

C. 委托加工合同　　D. 施工合同

6. **【单选】**根据《标准监理招标文件》，建设工程监理合同履约担保至建设单位签发工程竣工验收证书之日起（　　）后失效。

A. 14 天　　B. 28 天

C. 1 个月　　D. 12 个月

7. **【多选】**根据《标准监理招标文件》通用合同条款，组成监理合同的文件有（　　）。

A. 中标通知书

B. 委托人要求

C. 监理报酬清单

D. 合同协议书

E. 监理规划

扫码听课

8. **【单选】**根据《标准监理招标文件》，下列合同文件解释的优先顺序中，正确的是（　　）。

A. 监理大纲—委托人要求—监理报酬清单

B. 中标通知书—合同协议书—专用合同条款

C. 合同协议书—中标通知书—监理报酬清单

D. 委托人要求—专用合同条款—监理大纲

第五章 必刷

考点 2　建设工程监理合同履行

9. **【单选】**监理人在履行建设工程监理合同义务时，需完成的基本工作是（　　）。

A. 收到工程设计文件后编制监理规划，并在第一次工地会议 14 天前报委托人

B. 熟悉工程设计文件，并参加由委托人组织的专题会议

C. 审核施工承包人资质条件

D. 检查施工承包人工程质量、安全生产管理制度及组织机构和人员资格

10. **【多选】**根据《建设工程监理合同（示范文本）》，属于监理人义务的有（　　）。

A. 查验施工测量放线成果

B. 协调工程建设中的全部外部关系

C. 参加工程竣工验收

D. 签署竣工验收意见

E. 向承包人明确总监理工程师具有的权限

11. **【多选】**根据《标准监理招标文件》，监理的工作内容有（　　）。

A. 收到施工组织设计文件后编制监理规划

B. 参加由委托人主持的第一次工地会议

C. 检查施工承包人的试验室

D. 查验施工承包人的施工测量放线成果

E. 核查施工承包人对施工进度计划的调整

12. **【单选】**根据《标准监理招标文件》，工程监理单位应在收到工程设计文件后编制监理规划，并在（　　）报委托人。

A. 第一次工地会议7天前　　B. 第一次工地会议14天前

C. 收到开始监理通知7天后　　D. 收到开始监理通知14天前

13. **【多选】**根据《标准监理招标文件》，监理人违约的情形有（　　）。

A. 编制的监理文件不符合规范标准及合同约定的

B. 由于疫情暂停项目监理工作的

C. 两次未及时编写监理例会会议纪要的

D. 转让合同内监理业务的

E. 未按建设单位的口头要求开展监理工作的

14. **【单选】**根据《标准监理招标文件》，除专用合同条款另有约定外，委托人应在合同签订后（　　）天内，将委托人代表的姓名、职务、联系方式、授权范围和授权期限书面通知监理人。

A. 7　　B. 14　　C. 28　　D. 56

15. **【多选】**根据《建设工程监理规范》，项目监理机构应按有关规定和建设工程监理合同约定，对用于工程的材料进行的工作有（　　）。

A. 采购订货　　B. 出厂检验　　C. 见证取样　　D. 进场复试

E. 平行检验

16. **【多选】**根据《标准监理招标文件》，监理人需完成的基本工作有（　　）。

A. 主持图纸会审和设计交底会议

B. 检查施工承包人的实验室

C. 编写工程质量评估报告

D. 查验施工承包人的施工测量放线成果

E. 审核施工承包人提交的工程款支付申请

17. **【多选】**根据《标准监理招标文件》，监理人需要完成的基本工作内容有（　　）。

A. 主持工程竣工验收　　B. 编制工程竣工结算报告

C. 检查施工承包人的试验室　　D. 验收隐蔽工程、分部分项工程

E. 主持召开第一次工地会议

18. **【单选】**根据《标准监理招标文件》，总监理工程师授权下属人员履行职责的，应事先将人员的姓名、授权范围书面通知（　　）。

A. 招标人　　B. 投标人

C. 委托人和承包人　　D. 监理人

19. **【多选】**根据《标准监理招标文件》中的通用合同条款，建设工程监理合同履行过程中，属于监理人违约的情形有（　　）。

A. 转让监理工作的　　B. 未报送监理规划并造成工程损失的

C. 未按时向委托人提交监理报酬支付申请的　　D. 自行停止履行监理合同的

E. 监理文件不符合有关标准的

参考答案及解析

第五章　建设工程监理招投标与合同管理

第一节　建设工程监理招标程序和评标方法

考点 1　建设工程监理招标方式和程序

1. 【答案】BDE

【解析】建设单位应根据法律法规、工程项目特点、工程监理单位的选择空间及工程实施的急迫程度等因素合理选择招标方式，并按规定程序向招投标监督管理部门办理相关招投标手续，接受相应的监督管理。

2. 【答案】C

【解析】邀请招标属于有限竞争性招标，也称为选择性招标。采用邀请招标方式，建设单位不需要发布招标公告，也不进行资格预审（但可组织必要的资格审查），使招标程序得到简化。

3. 【答案】A

【解析】邀请招标是指建设单位以投标邀请书方式邀请特定监理单位参加投标。采用邀请招标方式，建设单位不需要发布招标公告，也不进行资格预审（但可组织必要的资格审查）。

4. 【答案】A

【解析】建设工程监理招标一般包括：招标准备；发出招标公告或投标邀请书；组织资格审查；编制和发售招标文件；组织现场踏勘；召开投标预备会；编制和递交投标文件；开标、评标和定标；签订建设工程监理合同等环节。

5. 【答案】D

【解析】招标公告与投标邀请书应当载明：建设单位的名称和地址；招标项目的性质；招标项目的数量；招标项目的实施地点；招标项目的实施时间；获取招标文件的办法等内容。

6. 【答案】B

【解析】公开招标是指建设单位以招标公告的方式邀请不特定工程监理单位参加投标，向其发售监理招标文件，按照招标文件规定的评标方法、标准，从符合投标资格要求的投标人中优选中标人，并与中标人签订建设工程监理合同的过程。邀请招标是指建设单位以投标邀请书方式邀请特定工程监理单位参加投标，向其发售招标文件，按照招标文件规定的评标方法、标准，从符合投标资格要求的投标人中优选中标人，并与中标人签订建设工程监理合同的过程。前者需要“向其发售监理招标文件”，后者需要“向其发售招标文件”，因此发售招标文件是两者均包含的环节。

7. 【答案】ABE

【解析】建设工程监理招标准备工作包括确定招标组织、明确招标范围和内容、编制招标方案。其中，编制招标方案包括划分监理标段、选择招标方式、选定合同类型及计价方式、确定投标人资格条件、安排招标工作进度等。

8. 【答案】CDE

【解析】建设工程监理招标方式：①公开招标。公开招标是指建设单位以招标公告的方式邀请不特定工程监理单位参加投标，向其发售监理招标文件，按照招标文件规定的评标方法、标准，从符合投标资格要求的投标人中优选中标人，并与中标人签订建设工程监理合同的过程。公开招标属于非限制性竞争招标。②邀请招标。邀请招标是指建设单位以投标邀请书方式邀请特定工程监理单位参加投标，向其发售招标文件，按照招标文件规定的评标方法、标准，从符合投标资格要求的投标人中优选中标人，并与中标人签订建设工程监理合同的过程。邀请招标属于有限竞争性招标，也称为选择性招标。采用邀请招标方式，建设单位不需要发布招标公告，也不进行资格预审（但可组织必要的资格审查），使招标程序得到简化。这样，既可节约招标费用，又可缩短招标时间。邀请招标虽然能够邀请到有经验和资信可靠的工程监理单位投标，但由于限制了竞争范围，选择投标人的范围和投标人竞争的空间有限，可能会失去技术和报价方面有竞争力的投标者，失去理想中标人，达不到预期竞争效果。

9. 【答案】BCD

【解析】建设工程监理招标准备工作包括：确定招标组织，明确招标范围和内容，编制招标方案（包括划分监理标段、选择招标方式、选定合同类型及计价方式、确定投标人资格条件、安排招标工作进度等）。

10. 【答案】A

【解析】资格预审是指在投标前，对申请参加投标的潜在投标人进行资质条件、业绩、信誉、技术、资金等多方面情况的审查。只有资格预审中被认定为合格的潜在投标人（或投标人）才可以参加投标。资格预审的目的是为了排除不合格的投标人，进而降低招标人的招标成本，提高招标工作效率。

11. 【答案】A

【解析】评标委员会应当熟悉、掌握招标项目的主要特点和需求，认真阅读、研究招标文件及其评标办法，按招标文件规定的评标办法进行评标，编写评标报告，并向招标人推荐中标候选人，或经招标人授权直接确定中标人。

12. 【答案】D

【解析】投标资格审查分为资格预审和资格后审。资格预审是指在投标前，对申请参加投标的潜在投标人进行资质条件、业绩、信誉、技术、资金等多方面情况的审查。只有资格预审中被认定为合格的潜在投标人（或投标人）才可以参加投标。资格预审是为了排除不合格的投标人，进而降低招标人的招标成本，提高招标工作效率。资格后审是指在开标后，由评标委员会根据招标文件中规定的资格审查因素、方法和标准，对投标人资格进行的审查。

13.【答案】A

【解析】选项A正确，公开招标能够充分体现招标信息公开性、招标程序规范性、投标竞争公平性，有助于打破垄断，实现公平竞争。选项B错误，公开招标可使建设单位有较大的选择范围，可在众多投标人中选择经验丰富、信誉良好、价格合理的工程监理单位，能够大大降低串标、围标、抬标和其他不正当交易的可能性。选项C错误，公开招标的缺点是准备招标、资格预审和评标的工作量大，因此，招标时间长，招标费用较高。选项D错误，邀请招标属于有限竞争性招标，公开招标属于非限制性竞争招标。

考点2　建设工程监理评标内容和方法

14.【答案】D

【解析】建设工程监理招标属于服务类招标，其标的是无形的“监理服务”。

15.【答案】D

【解析】建设单位选择工程监理单位最重要的原则是“基于能力的选择”，而不应将服务报价作为主要考虑因素。

16.【答案】ABD

【解析】建设工程监理评标办法中，通常会将下列要素作为评标内容：①工程监理单位的基本素质。包括：工程监理单位资质、技术及服务能力、社会信誉和企业诚信度，以及类似工程监理业绩和经验。②工程监理人员配备。特别是总监理工程师的综合能力和业绩是建设工程监理评标需要考虑的重要内容。③建设工程监理大纲。评标时应重点评审建设工程监理大纲的全面性、针对性和科学性。④试验检测仪器设备及其应用能力。重点评审投标人在投标文件中所列的设备、仪器、工具等能否满足建设工程监理要求。对于建设单位在现场另建试验、检测等中心的工程项目，应重点考查投标人评价分析、检验测量数据的能力。⑤建设工程监理费用报价。要重点评审监理费用报价水平和构成是否合理、完整，分析说明是否明确，监理服务费用的调整条件和办法是否符合招标文件要求等。

17.【答案】ACD

【解析】建设工程监理评标时应重点评审建设工程监理大纲的全面性、针对性和科学性。

18.【答案】BCD

【解析】建设工程监理大纲中应对工程特点、监理重点与难点进行识别。在对招标工程进行透彻分析的基础上，结合自身工程经验，从工程质量、造价、进度控制及安全生产管理等方面确定监理工作的重点和难点，提出针对性措施和对策。除常规监理措施外，建设工程监理大纲中应对招标工程的关键工序及分部分项工程制定有针对性的监理措施；制定针对关键点、常见问题的预防措施；合理设置旁站清单和保障措施等。

第二节　建设工程监理投标工作内容和策略

考点1　建设工程监理投标工作内容

1.【答案】C

【解析】工程监理单位的投标工作流程为：购买招标文件→进行投标决策→编制投标文件→递送投标文件并参加开标会→投标后评估。

2.【答案】AC

【解析】决策树分析法是适用于风险型决策分析的一种简便易行的实用方法，其特点是用一种树状图表示决策过程，通过事件出现的概率和损益期望值的计算比较，帮助决策者对行动方案作出抉择。

3.【答案】ADE

【解析】决策过程：①先根据已知情况绘制决策树，绘制过程中从右引出若干条直（折）线，形成方案枝；②计算期望值，比较损益期望值；③确定决策方案。选项B属于综合评分法的工作内容。

4.【答案】BDE

【解析】编制好工程监理投标文件是工程监理单位投标的首要任务。投标文件编制原则：①响应招标文件，保证不被废标。建设工程监理投标文件编制的前提是要按招标文件要求的条款和内容格式编制，必须在满足招标文件要求的基本条件下，尽可能精益求精，响应招标文件实质性条款，防止废标发生。②认真研究招标文件，深入领会招标文件意图。③投标文件要内容详细、层次分明、重点突出。完整、规范的投标文件，应尽可能为投标人的想法、建议及自身实力叙述详细，做到内容深入而全面。

5.【答案】B

【解析】选项A错误，监理实施细则应符合监理规划的要求。选项C错误，对于工程规模较小、技术较为简单且有成熟监理经验和施工技术措施落实的工程项目，可以不必编制监理实施细则。选项D错误，监理实施细则可随工程进展编制，但应在相应工程开始前由专业监理工程师编制完成，并经总监理工程师审批后实施。

6.【答案】D

【解析】建设工程监理投标文件的核心是反映监理服务水平高低的监理大纲，尤其是针对工程具体情况制定的监理对策，以及向建设单位提出的原则性建议等。

7.【答案】C

【解析】常用的投标决策定量分析方法有综合评价法和决策树分析法。其中，综合评价法的工作环节包括：①确定影响投标的评价指标；②确定各项评价指标权重；③各项评价指标评分；④计算综合评价总分；⑤决定是否投标。

8.【答案】ABCE

【解析】根据《标准监理招标文件》，监理投标文件应包括下列内容：①投标函及投标函附录；②法定代表人身份证明或授权委托书；③联合体协议书；④投标保证金；⑤监理报酬清单；⑥资格审查资料；⑦监理大纲；⑧投标人须知附表规定的其他资料。

9.【答案】AD

【解析】常用的投标决策定量分析方法有综合评价法和决策树分析法。

10.【答案】B

【解析】建设工程监理投标策划：①明确投标目标，决定资源投入。一旦决定投标，首先要明确投标目标，投标目标决定了企业对投标过程的资源支持力度。②成立投标小组并确定任务分工。

11. 【答案】B

【解析】建设工程监理投标文件的核心是反映监理服务水平高低的监理大纲，尤其是针对工程具体情况制定的监理对策，以及向建设单位提出的原则性建议等。

12. 【答案】A

【解析】监理大纲一般应包括以下主要内容：①工程概述；②监理依据和监理工作内容；③建设工程监理实施方案；④建设工程监理难点、重点及合理化建议。

13. 【答案】B

【解析】常用的投标决策定量分析方法有综合评价法和决策树法。其中，综合评价法是指决策者决定是否参加某建设工程监理投标时，将影响其投标决策的主客观因素用某些具体指标表示出来，并定量地进行综合评价，以此作为投标决策依据。

考点 2　建设工程监理投标策略

14. 【答案】C

【解析】建设工程监理常用的投标策略有：以信誉和口碑取胜，以缩短工期等承诺取胜，以附加服务取胜，适应长远发展的策略。目前，随着建设工程复杂性程度的加大，招标人对于前期配套、设计管理等外延的服务需求越来越强烈，但招标人由于工程概算的限制，没有额外的经费聘请能提供附加服务的项目管理单位，如工程监理单位具有工程咨询、工程设计、招标代理、造价咨询及其他相关的资质，可在投标过程中向招标人推介附加服务优势。

考点 3　建设工程监理费用计取方法

15. 【答案】C

【解析】建设工程监理费用计取方法：①按费率计费。②按人工时计费。这种方法主要适用于临时性、短期咨询业务活动，或者不宜按建设投资百分比等方法计算咨询费的情形。③按服务内容计费。

第三节　建设工程监理合同管理

考点 1　建设工程监理合同订立

1. 【答案】C

【解析】选项 A 错误，建设工程合同包括工程勘察、设计、施工合同；建设工程监理合同、项目管理服务合同属于委托合同。选项 B 错误，建设工程监理合同当事人双方应是具有民事权力能力和民事行为能力、具有法人资格的企事业单位及其他社会组织，个人在法律允许的范围内也可以成为合同当事人。选项 D 错误，工程监理合同履行结果不是物质成果。

2. 【答案】B

【解析】选项A错误，合同附件格式包括合同协议书、履约保证金格式，不包含廉政责任书格式。选项C错误，合同附件格式中要求履约保证金采用无条件担保方式。选项D错误，自委托人与监理人签订的合同生效之日起，至委托人签发工程竣工验收证书之日起28天后失效。

3. 【答案】A

【解析】监理服务期限自开始监理通知中载明的开始监理日期起计算。

4. 【答案】B

【解析】合同协议书与下列文件一起构成合同文件：①中标通知书；②投标函及投标函附录；③专用合同条款；④通用合同条款；⑤委托人要求；⑥监理报酬清单；⑦监理大纲；⑧其他合同文件。上述合同文件互相补充和解释，如果合同文件之间存在矛盾或不一致之处，以上述文件的排列顺序在先者为准。

5. 【答案】B

【解析】工程建设实施阶段所签订的勘察设计合同、施工合同、物资采购合同、委托加工合同的标的物是产生新的信息成果或物质成果，而监理合同的履行不产生物质成果，而是由监理工程师凭借自己的知识、经验、技能，为委托人所签订的施工合同、物资采购合同等的履行实施监督管理。

6. 【答案】B

【解析】履约担保采用保函形式。自委托人与监理人签订的合同生效之日起，至委托人签发工程竣工验收证书之日起28天后失效。

7. 【答案】ABCD

【解析】合同协议书与下列文件一起构成合同文件：①中标通知书；②投标函及投标函附录；③专用合同条款；④通用合同条款；⑤委托人要求；⑥监理报酬清单；⑦监理大纲；⑧其他合同文件。上述合同文件互相补充和解释。如果合同文件之间存在矛盾或不一致之处，以上述文件的排列顺序在先者为准。

8. 【答案】C

【解析】合同协议书与下列文件一起构成合同文件：①中标通知书；②投标函及投标函附录；③专用合同条款；④通用合同条款；⑤委托人要求；⑥监理报酬清单；⑦监理大纲；⑧其他合同文件。上述合同文件互相补充和解释。如果合同文件之间存在矛盾或不一致之处，以上述文件的排列顺序在先者为准。

考点 2 建设工程监理合同履行

9. 【答案】D

【解析】监理人需要完成的基本工作包括：①收到工程设计文件后编制监理规划，并在第一次工地会议7天前报委托人，根据有关规定和监理工作需要，编制监理实施细则；②熟悉工程设计文件，并参加由委托人主持的图纸会审和设计交底会议；③参加由委托人主持的第一次工地会议，主持监理例会并根据工程需要主持或参加专题会议；④审查施工承包人提交的施工组织设计，重点审查其中的质量安全技术措施、专项施工方案与工程建设强制性标准的符合性；⑤ 检查施工承包人工程质量、安全生产管理制度及组织机构和人员资格；⑥检查施工承包人专职安全生产管理人员的配备情况；⑦审查施工承包人提交的施工进度计划，核查施工承包人对施工进度计划的调整；⑧检查施工承包人的试验室；⑨审核施工分包人资质条件；⑩查验施工承包人的施工测量放线成果；⑪审查工程开工条件，对条件具备的签发开工令；⑫审查施工承包人报送的工程材料、构配件、设备质量证明文件的有效性和符合性，并按规定对用于工程的材料采取平行检验或见证取样方式进行抽检；⑬审核施工承包人提交的工程款支付申请，签发或出具工程款支付证书，并报委托人审核、批准；⑭在巡视、旁站和检验过程中，发现工程质量、施工安全存在事故隐患的，要求施工承包人整改并报委托人；⑮经委托人同意，签发工程暂停令和复工令；⑯审查施工承包人提交的采用新材料、新工艺、新技术、新设备的论证材料及相关验收标准；⑰验收隐蔽工程、分部分项工程；⑱审查施工承包人提交的工程变更申请，协调处理施工进度调整、费用索赔、合同争议等事项；⑲审查施工承包人提交的竣工验收申请，编写工程质量评估报告；⑳参加工程竣工验收，签署竣工验收意见；㉑审查施工承包人提交的竣工结算申请并报委托人；㉒编制、整理工程监理归档文件并报委托人。

10. **【答案】**ACD

【解析】监理人需要完成的基本工作包括：①收到工程设计文件后编制监理规划，并在第一次工地会议 7 天前报委托人，根据有关规定和监理工作需要，编制监理实施细则；②熟悉工程设计文件，并参加由委托人主持的图纸会审和设计交底会议；③参加由委托人主持的第一次工地会议，主持监理例会并根据工程需要主持或参加专题会议；④审查施工承包人提交的施工组织设计，重点审查其中的质量安全技术措施、专项施工方案与工程建设强制性标准的符合性；⑤检查施工承包人工程质量、安全生产管理制度及组织机构和人员资格；⑥检查施工承包人专职安全生产管理人员的配备情况；⑦审查施工承包人提交的施工进度计划，核查施工承包人对施工进度计划的调整；⑧检查施工承包人的试验室；⑨审核施工分包人资质条件；⑩查验施工承包人的施工测量放线成果；⑪审查工程开工条件，对条件具备的签发开工令；⑫审查施工承包人报送的工程材料、构配件、设备质量证明文件的有效性和符合性，并按规定对用于工程的材料采取平行检验或见证取样方式进行抽检；⑬审核施工承包人提交的工程款支付申请，签发或出具工程款支付证书，并报委托人审核、批准；⑭在巡视、旁站和检验过程中，发现工程质量、施工安全存在事故隐患的，要求施工承包人整改并报委托人；⑮经委托人同意，签发工程暂停令和复工令；⑯审查施工承包人提交的采用新材料、新工艺、新技术、新设备的论证材料及相关验收标准；⑰验收隐蔽工程、分部分项工程；⑱审查施工承包人提交的工程变更申请，协调处理施工进度调整、费用索赔、合同争议等事项；⑲审查施工承包人提交的竣工验收申请，编写工程质量评估报告；⑳参加工程竣工验收，签署竣工验收意见；㉑审查施工承包人提交的竣工结算申请并报委托人；㉒编制、整理工程监理归档文件并报委托人。

11. **【答案】**BCDE

【解析】 选项A错误，收到工程设计文件后编制监理规划，并在第一次工地会议7天前报委托人。

12. **【答案】** A

【解析】 收到工程设计文件后编制监理规划，并在第一次工地会议7天前报委托人。

13. **【答案】** AD

【解析】 在合同履行中发生下列情况之一的，属于监理人违约：①监理文件不符合规范标准及合同约定；②监理人转让监理工作；③监理人未按合同约定实施监理并造成工程损失；④监理人无法履行或停止履行合同；⑤监理人不履行合同约定的其他义务。

14. **【答案】** B

【解析】 除专用合同条款另有约定外，委托人应在合同签订后14天内，将委托人代表的姓名、职务、联系方式、授权范围和授权期限书面通知监理人，由委托人代表在其授权范围和授权期限内，代表委托人行使权利、履行义务和处理合同履行中的具体事宜。委托人更换委托人代表的，应提前14天将更换人员的姓名、职务、联系方式、授权范围和授权期限书面通知监理人。

15. **【答案】** CE

【解析】 根据《建设工程监理规范》，监理需审查施工承包人报送的工程材料、构配件、设备质量证明文件的有效性和符合性，并按规定对用于工程的材料采取平行检验或见证取样方式进行抽检。

16. **【答案】** BCDE

【解析】 除专用合同条款另有约定外，监理工作内容包括：①收到工程设计文件后编制监理规划，并在第一次工地会议7天前报委托人，根据有关规定和监理工作需要，编制监理实施细则；②熟悉工程设计文件，并参加由委托人主持的图纸会审和设计交底会议；③参加由委托人主持的第一次工地会议，主持监理例会并根据工程需要主持或参加专题会议；④审查施工承包人提交的施工组织设计，重点审查其中的质量安全技术措施、专项施工方案与工程建设强制性标准的符合性；⑤检查施工承包人工程质量、安全生产管理制度及组织机构和人员资格；⑥检查施工承包人专职安全生产管理人员的配备情况；⑦审查施工承包人提交的施工进度计划，核查施工承包人对施工进度计划的调整；⑧检查施工承包人的试验室；⑨审核施工分包人资质条件；⑩查验施工承包人的施工测量放线成果；⑪审查工程开工条件，对条件具备的签发开工令；⑫审查施工承包人报送的工程材料、构配件、设备质量证明文件的有效性和符合性，并按规定对用于工程的材料采取平行检验或见证取样方式进行抽检；⑬审核施工承包人提交的工程款支付申请，签发或出具工程款支付证书，并报委托人审核、批准；⑭在巡视、旁站和检验过程中，发现工程质量、施工安全存在事故隐患的，要求施工承包人整改并报委托人；⑮经委托人同意，签发工程暂停令和复工令；⑯审查施工承包人提交的采用新材料、新工艺、新技术、新设备的论证材料及相关验收标准；⑰验收隐蔽工程、分部分项工程；⑱审查施工承包人提交的工程变更申请，协调处理施工进度调整、费用索赔、合同争议等事项；⑲审查施工承包人提交的竣工验收申请，编写工程质量评估报告；⑳参加工程

竣工验收，签署竣工验收意见；㉑审查施工承包人提交的竣工结算申请并报委托人；㉒编制、整理工程监理归档文件并报委托人。

17. **【答案】** CD

【解析】 除专用合同条款另有约定外，监理工作内容包括：①收到工程设计文件后编制监理规划，并在第一次工地会议 7 天前报委托人。根据有关规定和监理工作需要，编制监理实施细则；②熟悉工程设计文件，并参加由委托人主持的图纸会审和设计交底会议；③参加由委托人主持的第一次工地会议，主持监理例会并根据工程需要主持或参加专题会议；④审查施工承包人提交的施工组织设计，重点审查其中的质量安全技术措施、专项施工方案与工程建设强制性标准的符合性；⑤检查施工承包人工程质量、安全生产管理制度及组织机构和人员资格；⑥检查施工承包人专职安全生产管理人员的配备情况；⑦审查施工承包人提交的施工进度计划，核查施工承包人对施工进度计划的调整；⑧检查施工承包人的试验室；⑨审核施工分包人资质条件；⑩查验施工承包人的施工测量放线成果；⑪审查工程开工条件，对条件具备的签发开工令；⑫审查施工承包人报送的工程材料、构配件、设备质量证明文件的有效性和符合性，并按规定对用于工程的材料采取平行检验或见证取样方式进行抽检；⑬审核施工承包人提交的工程款支付申请，签发或出具工程款支付证书，并报委托人审核、批准；⑭在巡视、旁站和检验过程中，发现工程质量、施工安全存在事故隐患的，要求施工承包人整改并报委托人；⑮经委托人同意，签发工程暂停令和复工令；⑯审查施工承包人提交的采用新材料、新工艺、新技术、新设备的论证材料及相关验收标准；⑰验收隐蔽工程、分部分项工程；⑱审查施工承包人提交的工程变更申请，协调处理施工进度调整、费用索赔、合同争议等事项；⑲审查施工承包人提交的竣工验收申请，编写工程质量评估报告；⑳参加工程竣工验收，签署竣工验收意见；㉑审查施工承包人提交的竣工结算申请并报委托人；㉒编制、整理工程监理归档文件并报委托人。

18. **【答案】** C

【解析】 监理人为履行合同发出的一切函件均应盖有监理人单位章或由监理人授权的项目机构章，并由监理人的总监理工程师签字确认。按照专用合同条款约定，总监理工程师可以授权其下属人员履行其某项职责，但事先应将这些人员的姓名和授权范围书面通知委托人和承包人。

19. **【答案】** ADE

【解析】 在合同履行中发生下列情况之一的，属于监理人违约：①监理文件不符合规范标准及合同约定；②监理人转让监理工作；③监理人未按合同约定实施监理并造成工程损失；④监理人无法履行或停止履行合同；⑤监理人不履行合同约定的其他义务。

第六章　建设工程监理组织

第一节　建设工程监理委托方式及实施程序

➢ 重难点：

1. 建设工程监理委托方式。
2. 建设工程监理实施原则。

考点 1　建设工程监理委托方式

1. 【单选】在建设工程平行承包模式下，需委托多家工程监理单位实施监理时，各工程监理单位之间的关系需要由（　　）进行协调。

   A. 设计单位

   B. 建设单位

   C. 质量监督机构

   D. 施工总承办单位

2. 【多选】下列关于平行承包模式下建设单位委托多家监理单位实施监理的说法，正确的有（　　）。

   A. 监理单位之间的配合需建设单位协调

   B. 监理单位的监理对象相对复杂，不便于管理

   C. 建设工程监理工作易被肢解，不利于工程总体协调

   D. 各家监理单位各负其责

   E. 建设单位合同管理工作较为容易

3. 【单选】建设工程采用平行承包模式的优点是（　　）。

   A. 工程建设协调难度小　　B. 较易控制工程造价

   C. 工程招标任务量小　　D. 建设周期较短

4. 【多选】下列关于建设工程监理的说法，正确的有（　　）。

   A. 在签订工程监理合同时应明确总监理工程师

   B. 建设单位可委托多家监理单位，但必须确定一家监理单位负责总体规划和协调

   C. 监理大纲必须由投标人拟任的总监理工程师负责编写

D. 签订监理合同后，项目监理机构应及时收集工程监理有关资料

E. 工程施工需分包时，总监理工程师应组织审核分包单位资格

5. 【单选】建设单位采用建设工程施工总承包模式的缺点是（　　）。

A. 建设周期较长

B. 协调工作量大

C. 施工招标任务量大

D. 不利于质量控制

6. 【多选】建设单位采用工程总承包模式的优点有（　　）。

A. 有利于缩短建设周期

B. 组织协调工作量小

C. 有利于合同管理

D. 有利于招标发包

E. 有利于造价控制

7. 【单选】下列承包模式中，施工、监理合同数量较多的是（　　）。

A. 平行承包模式

B. 施工总承包模式

C. 工程总承包模式

D. EPC 承包模式

8. 【单选】建设工程采用平行承包模式的缺点是（　　）。

A. 合同管理简单

B. 工程造价控制难度不大

C. 工程招标任务量大

D. 在施工过程中设计变更较少

9. 【单选】下列工程类别中，建设单位可以在已选定的多家工程监理单位中确定一家“总监理单位”，负责监理项目总体规划、协调和控制的是（　　）。

A. 交钥匙工程

B. EPC 承包工程

C. 施工总承包工程

D. 平行承包工程

10. 【单选】建设工程施工实行平行发包时，若业主委托多家监理单位实施监理，则“总监理单位”在监理工作中的主要职责是（　　）。

A. 协调、管理各承建单位的工作

B. 协调、管理各监理单位的工作

C. 协调业主与各参建单位的关系

D. 协调、管理各承建单位和监理单位的工作

11. 【多选】施工总承包模式的优点之一是利于质量控制，其原因在于（　　）。
A. 有分包单位的自控
B. 有总包单位的监督
C. 有监理单位的检查认可
D. 有合同约束与分包单位之间相互制约
E. 有监理单位监督与分包单位之间相互制约

12. 【单选】针对下图所示的某保障房项目承发包组织方式，为减少协调工作，建设单位宜委托（　　）家监理单位。

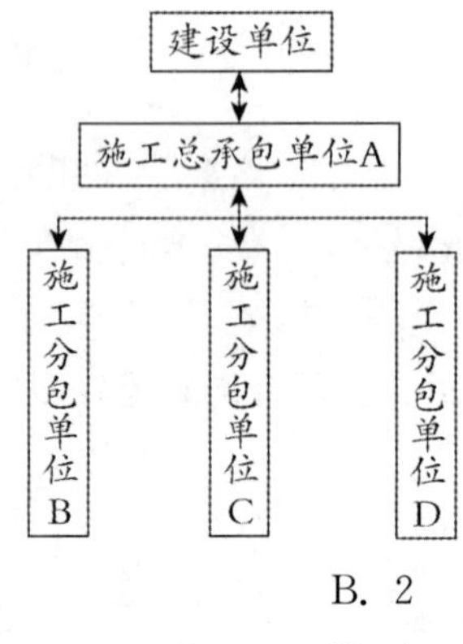

A. 1　　B. 2
C. 3　　D. 4

13. 【单选】下列不属于建设工程采用工程总承包模式的缺点是（　　）。
A. 合同条款不易准确确定
B. 合同管理难度较大
C. 总承包单位承担的风险较大
D. 介入工程项目时间晚

14. 【单选】下列选项中，属于工程总承包模式优点的是（　　）。
A. 有利于造价控制　　B. 有利于质量控制
C. 有利于业主选择承包商　　D. 有利于合同管理

15. 【多选】下列关于承包模式的说法，正确的有（　　）。
A. 平行承包模式下，建设单位可以委托多家工程监理单位实施监理
B. 工程总承包模式下，弱化了工程质量“他人控制”机制
C. 施工总承包模式下，需要总监理工程师具备更全面的知识
D. 交钥匙工程，需要建设单位委托一家“总监理单位”
E. 采用施工总承包或工程总承包模式时，建设单位的组织协调工作量小

16. 【单选】下列关于建设工程监理委托方式的说法，正确的是（　　）。
A. 建设单位委托一家监理单位有利于工程建设的总体控制与协调
B. 平行承包模式下工程监理委托的方式具有唯一性
C. 采用施工总承包模式发包的工程，可委托一家或几家监理单位实施监理
D. 在监理评标办法中，宜将“经评审的投标价格最低”作为中标条件

17. **【多选】**下列承包模式中，项目监理机构组织协调工作量较小的有（　　）。

A. 平行承包模式　　B. 施工总承包模式

C. 合作体承包模式　　D. EPC 承包模式

E. 设计施工总承包模式

考点 2　建设工程监理实施程序和原则

18. **【单选】**组建项目监理机构时，总监理工程师应根据的监理文件是（　　）。

A. 建设工程监理规范

B. 建设工程监理与相关服务收费管理规定

C. 施工单位与建设单位签订的工程合同

D. 监理大纲和监理合同

19. **【多选】**工程监理单位在确定项目监理机构的组织形式和规模时，应考虑的因素有（　　）。

A. 监理合同约定的监理服务内容　　B. 工程环境

C. 工程项目特点　　D. 工程技术复杂程度

E. 施工单位资质等级

20. **【单选】**工程监理单位依据建设单位的委托，履行监理职责、承担监理责任，这体现了建设工程监理的（　　）原则。

A. 严格监理　　B. 实事求是

C. 权责一致　　D. 公平诚信

21. **【单选】**总监理工程师负责制的“核心”内容是指（　　）。

A. 总监理工程师是建设工程监理的权力主体

B. 总监理工程师是建设工程监理的义务主体

C. 总监理工程师是建设工程监理的责任主体

D. 总监理工程师是建设工程监理的利益主体

22. **【单选】**签订监理合同后，监理单位实施建设工程监理的首要工作是（　　）。

A. 编制监理大纲　　B. 编制监理规划

C. 编制监理实施细则　　D. 组建项目监理机构

23. **【多选】**项目监理机构的组织形式和规模，应根据（　　）等因素确定。

A. 委托监理合同的服务内容

B. 委托监理合同的服务期限

C. 建设工程的技术复杂程度

D. 建设工程规模

E. 建设工程的承包模式

24. **【单选】**建设工程监理工作由不同专业、不同层次的专家群体共同来完成，（　　）体现了监理工作的规范化，是进行监理工作的前提和实现监理目标的重要保证。

A. 目标控制的动态性　　B. 职责分工的严密性

C. 监理指令的及时性　　D. 监理资料的完整性

25. 【多选】向建设单位提交的监理工作总结报告内容包括（　　）。

扫码听课

A. 监理大纲的主要内容及编制情况

B. 工程监理合同履行情况

C. 监理任务及目标完成情况评价

D. 建设单位提供的设备清单

E. 监理工作终结情况的说明

26. 【单选】在建设工程监理实施中，总监理工程师代表监理单位全面履行建设工程委托监理合同，承担合同中监理单位与业主方约定的监理责任与义务，因此，监理单位应给总监理工程师充分授权，这体现了（　　）的监理实施原则。

A. 公正、独立、自主

B. 权责一致

C. 总监理工程师是责任主体

D. 总监理工程师是权力主体

27. 【单选】关于总监理工程师负责制原则所体现的权责主体，下列说法正确的是（　　）。

A. 总监理工程师既是工程监理的责任主体，又是工程监理的权力主体

B. 总监理工程师只是工程监理的责任主体，不是工程监理的权力主体

C. 总监理工程师既是工程监理的权利主体，又是工程监理的责任主体

D. 总监理工程师只是工程监理的权利主体，不是工程监理的责任主体

28. 【单选】监理工程师应“运用合理的技能，谨慎而勤奋地工作”，属于工程监理实施的（　　）原则。

A. 权责一致　　B. 实事求是

C. 热情服务　　D. 综合效益

29. 【多选】下列选项中，属于实施建设工程监理应遵循的原则有（　　）。

A. 权责一致　　B. 综合效益

C. 严格把关　　D. 利益最大

E. 热情服务

30. 【单选】根据《建设工程监理规范》，总监理工程师应由（　　）书面任命。

A. 发包人　　B. 委托人

C. 建设单位法定代表人　　D. 工程监理单位法定代表人

31. 【多选】根据《建设工程监理规范》，确定项目监理机构的组织形式和规模时，应考虑的因素有（　　）。

A. 工程项目特点　　B. 工程项目施工环境

C. 工程建设规模　　D. 工程技术复杂程度

E. 施工组织设计深度

第二节　项目监理机构及监理人员职责

➢ 重难点：

1. 项目监理机构设立步骤。
2. 项目监理机构组织形式。
3. 项目监理机构监理人员数量的确定。
4. 项目监理机构各类人员基本职责。

考点 1　项目监理机构的设立

1. 【单选】下列关于监理人员任职与调换的说法，正确的是（　　）。

A. 监理单位调换总监理工程师应书面通知建设单位

B. 总监理工程师调换专业监理工程师后书面通知建设单位

C. 总监理工程师调换专业监理工程师并口头通知建设单位

D. 总监理工程师调换专业监理工程师不必通知建设单位

2. 【单选】建设工程监理目标是项目监理机构建立的前提，应根据（　　）确定的监理目标建立项目监理机构。

A. 监理实施细则　　B. 建设工程监理合同

C. 监理大纲　　D. 监理规划

3. 【单选】关于项目监理机构中管理层次与管理跨度，下列说法正确的是（　　）。

A. 管理层次是指组织中相邻两个层次之间人员的管理关系

B. 管理跨度的确定应考虑管理活动的复杂性和相似性

C. 管理跨度是指组织的最高管理者所管理的下级人员数量总和

D. 管理层次一般包括决策、计划、组织、指挥、控制五个层次

4. 【单选】组建项目监理机构的步骤中，需最后完成的工作是（　　）。

A. 确定监理工作内容　　B. 项目监理机构组织结构设计

C. 制定工作流程和信息流程　　D. 确定项目监理机构目标

5. 【单选】按照项目监理机构设立步骤，在确定项目监理机构组织形式前应进行的工作是（　　）。

A. 制定监理岗位职责　　B. 制定监理考核标准

C. 确定监理工作内容　　D. 确定监理工作流程

6. 【单选】根据《建设工程监理规范》，需经建设单位书面同意的情形是（　　）。

A. 工程监理单位任命总监理工程师

B. 工程监理单位调换总监理工程师

C. 工程监理单位调换专业监理工程师

第六章 必刷

D. 总监理工程师调配监理人员

7. 【多选】根据《建设工程监理规范》，项目监理机构在必要时可按（　　）设总监理工程师代表。

A. 分部工程　　B. 项目目标

C. 专业工程　　D. 施工合同段

E. 工程地域

8. 【单选】工程监理单位组建项目监理机构的合理步骤是（　　）。

A. 制定监理工作流程与信息流程→确定工作目标和内容→设计组织结构

B. 确定监理工作目标和内容→设计组织结构→制定工作流程和信息流程

C. 设计监理组织结构→确定工作目标和内容→制定工作流程和信息流程

D. 确定监理工作目标和内容→制定工作流程和信息流程→设计组织结构

9. 【多选】下列工作内容中，属于项目监理机构组织结构设计内容的有（　　）。

扫码听课

A. 确定管理层次与管理跨度

B. 确定项目监理机构目标

C. 确定监理工作内容

D. 确定工作流程和信息流程

E. 确定项目监理机构部门划分

10. 【单选】组织中从最高管理者到最基层实际工作人员的人数及权责的基本规律是（　　）。

A. 人数逐层递减，权责逐层递减　　B. 人数逐层递增，权责逐层递减

C. 人数逐层递减，权责逐层递增　　D. 人数逐层递增，权责逐层递增

11. 【单选】进行项目监理机构的组织结构设计时，首先是选择组织结构形式，然后是（　　）。

A. 划分项目监理机构部门

B. 确定管理层次和管理跨度

C. 制定岗位职责和考核标准

D. 安排监理人员

考点 2　项目监理机构组织形式

12. 【单选】下列项目监理组织形式中，信息传递路线长，不利于互通信息的是（　　）。

A. 矩阵制组织形式　　B. 直线制组织形式

C. 直线职能制组织形式　　D. 职能制组织形式

13. 【单选】直线职能制组织形式的主要缺点是（　　）。

A. 下级人员受多头指挥

B. 实行没有职能部门的“个人管理”

C. 纵横向协调工作量大

D. 信息传递路线长

14. 【单选】矩阵制组织形式的主要缺点是（　　）。

A. 缺乏机动性和适应性　　B. 不利于处理复杂问题

C. 纵横向协调工作量较大　　D. 权力不易合理分配

15. 【单选】下列项目监理机构组织形式中，有利于解决复杂问题和培养工程监理人员业务能力的是（　　）。

A. 直线制组织形式　　B. 职能制组织形式

C. 直线职能制组织形式　　D. 矩阵制组织形式

16. 【单选】下列项目监理机构组织形式中，具有较大的机动性和适应性，能够实现集权和分权最优结合的是（　　）。

A. 职能制组织形式　　B. 直线制组织形式

C. 矩阵制组织形式　　D. 直线职能制组织形式

17. 【单选】下列项目监理机构组织形式中，纵横向协调工作量大，容易产生扯皮现象的是（　　）。

A. 直线制组织形式　　B. 职能制组织形式

C. 直线职能制组织形式　　D. 矩阵制组织形式

18. 【单选】下列项目监理机构组织形式中，任何一个下级只能接受唯一上级命令的是（　　）。

A. 直线制组织形式　　B. 职能制组织形式

C. 强矩阵制组织形式　　D. 弱矩阵制组织形式

19. 【单选】某项目监理机构的组织结构如下图所示，这种组织结构形式的优点是（　　）。

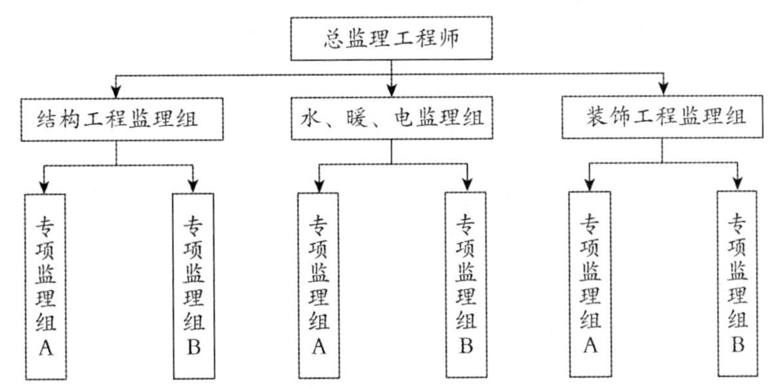

A. 目标控制职能分工明确　　B. 权力集中、隶属关系明确

C. 可减轻总监理工程师负担　　D. 强化了各职能部门横向联系

20. 【单选】直线职能制组织形式的主要缺点是（　　）。

A. 职责分工不明确　　B. 指挥系统不统一

C. 信息传递路线长　　D. 职能部门不能直接发布指令

21. 【单选】下列关于直线职能制组织形式的说法，正确的是（　　）。

A. 直线职能制组织形式兼具职能制和矩阵制组织形式的特点

B. 直线职能制与职能制组织形式的职能部门具有相同的管理职责与权力

C. 直线职能制组织形式的直线指挥部门人员不接受职能部门的指令

D. 直线职能制组织形式的信息传递路线短，有利于互通信息

22. 【单选】下列项目监理机构组织形式中，易造成职能部门与指挥部门之间产生矛盾的是（　　）。

A. 职能制监理组织形式　　B. 直线职能制监理组织形式

C. 矩阵制监理组织形式　　D. 直线制监理组织形式

23. 【单选】下列选项中，属于矩阵制监理组织形式特点的是（　　）。

A. 具有较大的机动性和适应性，纵横向协调工作量大

B. 直线领导，但职能部门与指挥部门易产生矛盾

C. 权力集中，组织机构简单，隶属关系明确

D. 信息传递路线长，不利于信息相互沟通

24. 【单选】下列关于项目监理机构组织形式的说法，正确的是（　　）。

A. 矩阵制监理组织形式的优点是纵横向协调工作量小

B. 直线职能制监理组织形式的优点是信息传递路线短

C. 直线制监理组织形式只适用于小型建设工程项目

D. 职能制监理组织形式能发挥职能机构专业管理作用，提高管理效率

25. 【多选】项目管理机构采用职能制组织形式的优点有（　　）。

A. 可减少相互矛盾的指令

B. 可实现两套管理系统的相互融合

C. 可发挥职能部门的专业管理作用

D. 可减轻总监理工程师专业性工作的负担

E. 可提高专业化管理效率

考点 3　项目监理机构人员配备及职责分工

26. 【单选】下列关于影响项目监理机构人员配备因素的说法，正确的是（　　）。

A. 工程建设强度越大，需投入的监理人数越少

B. 工程监理单位的业务水平不同将影响监理人员需要量定额水平

C. 可将工程复杂程度按四级划分：简单、一般、较复杂、复杂

D. 工程复杂程度只涉及资金和工程监理机构资质

27. 【单选】下列关于工程建设强度的说法，正确的是（　　）。

A. 工程建设强度可采用定量办法分级

B. 单位时间内投入的建设工程资金的数量影响工程建设强度

C. 工程建设强度越大，投入的监理人数越少

D. 工程地质、工程结构类型是影响工程建设强度的主要因素

28. 【多选】根据《建设工程监理规范》，下列关于监理人员基本职责的说法，正确的有（　　）。

A. 专业监理工程师负责编制监理实施细则

B. 专业监理工程师负责审核分包单位资格

C. 监理员负责验收隐蔽工程

D. 总监理工程师签发工程暂停令和复工令

E. 总监理工程师组织验收分部工程

29. 【多选】根据《建设工程监理规范》，专业监理工程师需要履行的基本职责有（　　）。

A. 组织编写监理月报
B. 参与编制监理实施细则
C. 参与验收分部工程
D. 组织编写监理日志
E. 参与审核分包单位资格

30. 【多选】根据《建设工程监理规范》，专业监理工程师应履行的职责有（　　）。

A. 审批监理实施细则
B. 组织审核分包单位资质
C. 检查进场的工程材料、构配件、设备的质量
D. 处置发现的质量问题和安全事故隐患
E. 参与工程变更的审查和处理

31. 【单选】下列职责中，属于专业监理工程师职责的是（　　）。

A. 组织验收分部工程
B. 组织编写监理日志
C. 组织审查工程变更
D. 组织整理监理文件资料

32. 【单选】根据《建设工程监理规范》，下列选项中，属于监理员职责的是（　　）。

A. 处置生产安全事故隐患
B. 复核工程计量有关数据
C. 验收分部分项工程质量
D. 审查阶段性付款申请

33. 【多选】根据《建设工程监理规范》，下列选项中，属于监理员职责的有（　　）。

A. 检查工序施工结果
B. 参与验收分部工程
C. 进行见证取样
D. 进行工程计量
E. 参与整理监理文件资料

34. 【单选】根据《建设工程监理规范》，总监理工程师代表可履行的职责是（　　）。

A. 审批监理实施细则
B. 组织审查和处理工程变更
C. 签发工程款支付证书
D. 调解和处理施工合同争议

35. 【多选】根据《建设工程监理规范》，总监理工程师应履行的职责有（　　）。

A. 组织编制监理实施细则
B. 组织召开监理例会
C. 组织审核竣工结算
D. 组织工程竣工验收
E. 组织整理监理文件资料

36. 【多选】影响项目监理机构监理工作效率的主要因素有（　　）。

A. 工程复杂程度
B. 工程规模的大小
C. 对工程的熟悉程度
D. 管理水平
E. 设备手段

37. 【单选】下列关于影响项目监理机构人员配备因素的说法，正确的是（　　）。

A. 工程建设强度中的工期是指工程项目总工期

B. 工程监理单位的业务水平不同将影响监理人员需要量定额水平

C. 监理工作需要委托专业检测、检验机构时也不宜减少监理人员数量

D. 因监理工作专业配套的要求，简单工程与复杂工程的监理人数配备应一致

38. **【多选】**影响项目监理机构人员数量的主要因素有（　　）。

A. 建设工程复杂程度　　B. 工程建设强度

C. 监理单位的业务水平　　D. 监理合同的要求

E. 建设工程组织管理模式

39. **【单选】**某监理单位承担了某项目土建工程的施工监理任务，已知该项目相关资料如下表所示：

内容	计划工期	合同价格	合计
土建工程	12 个月	6 000 万元	9 000 万元
设备安装	4 个月（与土建工程搭接一个月）	3 000 万元	

该监理单位配备监理人员时所依据的工程建设强度应为（　　）万元/月。

A. 750　　B. 600　　C. 500　　D. 400

40. **【单选】**在项目监理机构中，负责监理活动决策和管理的是（　　）。

A. 驻地监理工程师　　B. 总监理工程师代表

C. 总监理工程师　　D. 专业监理工程师

41. **【单选】**根据《建设工程监理规范》，总监理工程师可以委托总监理工程师代表进行的工作是（　　）。

A. 根据工程进展及监理工作情况调配监理人员

B. 组织审查施工组织设计、专项施工方案

C. 组织审核工程竣工结算

D. 组织编写监理月报、监理工作总结

42. **【多选】**根据《建设工程监理规范》，下列关于工程监理人员职责的说法，正确的有（　　）。

A. 总监理工程师应签发工程款支付证书

B. 总监理工程师应组织编写监理月报

C. 总监理工程师应主持安全事故处理

D. 专业监理工程师应处理质量问题和质量事故

E. 总监理工程师应主持审查分包单位资格

43. **【多选】**根据《建设工程监理规范》，监理员应履行的职责有（　　）。

A. 检查施工单位投入工程的人力情况

B. 检查施工单位投入工程的主要设备的使用和运行状况

C. 验收检验批

D. 进行工程计量

E. 处置发现的质量问题和安全事故隐患

参考答案及解析

第六章　建设工程监理组织

第一节　建设工程监理委托方式及实施程序

考点 1　建设工程监理委托方式

1. **【答案】** B

   【解析】 建设单位委托多家工程监理单位针对不同施工单位实施监理，需要分别与多家工程监理单位签订建设工程监理合同，并协调各工程监理单位之间的相互协作与配合关系。

2. **【答案】** ACD

   【解析】 选项 B 错误，建设单位委托多家工程监理单位实施监理，监理单位的监理对象相对单一，便于管理。选项 E 错误，建设单位需要分别与多家工程监理单位签订工程监理合同，合同管理工作较为不容易。

3. **【答案】** D

   【解析】 采用平行承包模式，由于各承包单位在其承包范围内同时进行相关工作，有利于缩短工期、控制质量，也有利于建设单位在更广范围内选择施工单位。

4. **【答案】** ADE

   【解析】 选项 B 错误，建设单位委托多家工程监理单位针对不同施工单位实施监理，需要分别与多家工程监理单位签订建设工程监理合同，并协调各工程监理单位之间的相互协作与配合关系，各家工程监理单位各负其责，无法对建设工程进行总体规划与协调控制。选项 C 错误，监理大纲的编制人员应当是监理单位经营部门或技术管理部门人员，也应包括拟定的总监理工程师。

5. **【答案】** A

   【解析】 施工总承包模式的缺点是：建设周期较长；施工总承包单位的报价节能较高。

6. **【答案】** ABE

   【解析】 采用建设工程总承包模式，建设单位的合同关系简单，组织协调工作量小。由于工程设计与施工由一个承包单位统筹安排，一般能做到工程设计与施工的相互搭接，有利于控制工程进度，可缩短建设周期。通过统筹考虑工程设计与施工，可以从价值工程或全寿命期费用角度取得明显的经济效果，有利于工程造价控制。

7. **【答案】** A

   【解析】 采用平行承包模式，由于各承包单位在其承包范围内同时进行相关工作，有利于缩短工期、控制质量，也有利于建设单位在更广范围内选择施工单位。但该模式的缺点是：合同数量多，会造成合同管理困难。

8. **【答案】** C

第六章 必刷

【解析】采用平行承包模式，由于各承包单位在其承包范围内同时进行相关工作，有利于缩短工期、控制质量，也有利于建设单位在更广范围内选择施工单位。但该模式的缺点是：合同数量多，会造成合同管理困难；工程造价控制难度大。工程造价控制难度大表现为：①工程总价不易确定，影响工程造价控制的实施；②工程招标任务量大，需控制多项合同价格，增加了工程造价控制难度；③在施工过程中设计变更和修改较多，导致工程造价增加。

9. 【答案】D

【解析】在平行承包模式下，工程监理委托模式有以下两种主要形式：①建设单位委托一家工程监理单位实施监理。②建设单位委托多家工程监理单位实施监理。建设单位协调各工程监理单位之间的相互协作与配合关系。在建设工程监理工作中，“总监理单位”负责监理项目的总体规划和协调控制，管理其他各工程监理单位工作，可减轻建设单位的管理压力。

10. 【答案】B

【解析】在平行承包模式下，工程监理委托模式有以下两种主要形式：①建设单位委托一家工程监理单位实施监理。②建设单位委托多家工程监理单位实施监理。建设单位协调各工程监理单位之间的相互协作与配合关系。在建设工程监理工作中，“总监理单位”负责监理项目的总体规划和协调控制，管理其他各工程监理单位工作，可减轻建设单位的管理压力。

11. 【答案】ABC

【解析】施工总承包模式下建设工程监理委托方式，既有施工分包单位的自控，又有施工总承包单位监督，还有工程监理单位的检查认可，有利于工程质量控制。

12. 【答案】A

【解析】此题中发承包方式为施工总承包模式，在此模式下，建设单位宜委托一家工程监理单位实施监理。监理工程师必须做好对分包单位资格的审查、确认工作。

13. 【答案】D

【解析】采用工程总承包模式，建设单位的合同关系简单，组织协调工作量小；由于工程设计与施工由一家承包单位统筹实施，一般能做到工程设计与施工的相互搭接，有利于控制工程进度，可缩短建设周期；也可从价值工程或全寿命期费用角度取得明显的经济效果，有利于工程造价控制。但该模式的缺点是：合同条款不易准确确定，容易造成合同争议。合同数量虽少，但合同管理难度较大，造成招标发包工作难度大；由于承包范围大，介入工程项目时间早，工程信息未知数多，总承包单位要承担较大风险；由于有工程总承包能力的单位数量相对较少，建设单位选择余地也相应减少；工程质量标准和功能要求不易做到全面、具体、准确，“他人控制”机制薄弱，使工程质量控制难度加大。

14. 【答案】A

【解析】工程总承包模式下建设工程监理委托方式，优点有：①合同关系简单，组织协调工作量小；②有利于控制工程进度，可缩短建设周期；③可从价值工程或全寿命期费用角度取得明显的经济效果，有利于工程造价控制。缺点有：①合同条款不易准确确定，容易造成合同争议；②合同管理难度较大，造成招标发包工作难度大；③总承包单位要承担较大风险；④建设单位选择工程总承包单位的范围小；⑤质量控制难度加大。

15. **【答案】** AB

【解析】 平行承包模式下，工程监理委托模式有以下两种主要形式：①建设单位委托一家工程监理单位实施监理；②建设单位委托多家工程监理单位实施监理。施工总承包模式下建设工程监理委托方式的优点：有利于建设工程的组织管理。在施工总承包模式下，建设单位宜委托一家工程监理单位实施监理。监理工程师必须做好对分包单位资格的审查、确认工作。工程总承包模式下建设工程监理委托方式的优点：合同关系简单，组织协调工作量小。缺点：工程质量标准和功能要求不易做到全面、具体、准确，“他人控制”机制薄弱，使质量控制难度加大。在工程总承包模式下，建设单位宜委托一家工程监理单位实施监理。在该委托方式下，监理工程师需具备较全面的知识，做好合同管理工作。

16. **【答案】** A

【解析】 在平行承包模式下，工程监理委托模式有以下两种主要形式：①建设单位委托一家工程监理单位实施监理。要求监理单位应具有较强的合同管理与组织协调能力，并能做好全面规划工作。②建设单位委托多家工程监理单位实施监理。建设单位协调各工程监理单位之间的相互协作与配合关系。工程监理单位的监理对象相对单一，便于管理，但建设工程监理工作被肢解，各家工程监理单位各负其责，无法对建设工程进行总体规划与协调控制。施工总承包模式下建设工程监理委托方式，在施工总承包模式下，建设单位宜委托一家工程监理单位实施监理。建设工程监理评标通常采用“综合评估法”。其特点是量化所有评标指标，由评标委员会专家分别打分，减少了评标过程中的相互干扰，增强了评标的科学性和公正性。

17. **【答案】** BDE

【解析】 施工总承包模式比平行承包模式的合同数量少，有利于建设单位的合同管理，减少协调工作量，可发挥工程监理单位与施工总承包单位多层次协调的积极性。采用工程总承包模式，建设单位的合同关系简单，组织协调工作量小；EPC 承包模式和设计施工总承包模式均属于工程总承包模式。

考点 2　建设工程监理实施程序和原则

18. **【答案】** D

【解析】 总监理工程师应根据监理大纲和签订的建设工程监理合同确定项目监理机构人员及岗位职责，并在监理规划和具体实施计划执行中进行及时调整。

19. **【答案】** ABCD

【解析】 工程监理单位派驻施工现场的项目监理机构的组织形式和规模，应根据建设工程监理合同约定的服务内容、服务期限，以及工程特点、规模、技术复杂程度、环境等因素确定。

20. **【答案】** C

【解析】 工程监理单位实施监理是受建设单位的委托授权并根据有关建设工程监理法律法规而进行的。这种权力的授予，除体现在建设单位与工程监理单位签订的建设工程监理合同之中外，还应体现在建设单位与施工单位签订的建设工程施工合同中。工程监理单位履行监理职责、承担监理责任，需要建设单位授予相应的权力。同样，由于总监理工程师是工程监理单位履行建设工程监理合同的全权代表，由总监理工程师代表工程监理单位履行建设工程监理职责、承担建设工程监理责任。因此，工程监理单位应给予总监理工程师充分授权，体现权责一致原则。

21. **【答案】** C

【解析】 总监理工程师是建设工程监理的责任主体，总监理工程师是实现建设工程监理目标的最高责任者，是向建设单位和工程监理单位所负责任的承担者。责任是总监理工程师负责制的核心，它构成了对总监理工程师的工作压力和动力，也是确定总监理工程师权力和利益的依据。

22. **【答案】** D

【解析】 建设工程监理实施程序：①组建项目监理机构；②收集工程监理有关资料；③编制监理规划及监理实施细则；④规范化地开展监理工作。

23. **【答案】** ABCD

【解析】 工程监理单位实施监理时，应在施工现场派驻项目监理机构，项目监理机构的组织形式和规模，可根据建设工程监理合同约定的服务内容、服务期限，以及工程特点、规模、技术复杂程度、环境等因素确定。

24. **【答案】** B

【解析】 建设工程监理工作的规范化体现在以下几个方面：①工作的时序性。②职责分工的严密性。建设工程监理工作是由不同专业、不同层次的专家群体共同来完成的，他们之间严密的职责分工是协调进行建设工程监理工作的前提和实现建设工程监理目标的重要保证。③工作目标的确定性。

25. **【答案】** BCE

【解析】 向建设单位提交的监理工作总结包括：①工程概况；②项目监理机构；③建设工程监理合同履行情况；④监理工作成效；⑤监理工作中发现的问题及其处理情况；⑥监理任务或监理目标完成情况评价；⑦由建设单位提供的供项目监理机构使用的办公用房、车辆、试验设施等的清单；⑧表明建设工程监理工作终结的说明；⑨其他说明和建议等。

26. **【答案】** B

【解析】 工程监理单位实施监理是受建设单位的委托授权并根据有关建设工程监理法律法规而进行的。工程监理单位履行监理职责、承担监理责任，需要建设单位授予相应的权力。同样，由于总监理工程师是工程监理单位履行建设工程监理合同的全权代表，由总监理工程师代表工程监理单位履行建设工程监理职责、承担建设工程监理责任，因此，工程监理单位应给予总监理工程师充分授权，体现权责一致原则。

27. 【答案】A

【解析】总监理工程师负责制原则：责任主体、权力主体、利益主体。

28. 【答案】C

【解析】热情服务就是运用合理的技能，谨慎而勤奋地工作。工程监理单位应按照建设工程监理合同的要求，多方位、多层次地为建设单位提供良好服务，维护建设单位的正当权益。但不顾施工单位的正当经济利益，一味向施工单位转嫁风险，也非明智之举。

29. 【答案】ABE

【解析】建设工程监理实施原则：①公平、独立、诚信、科学原则；②权责一致原则；③总监理工程师负责制原则；④严格监理，热情服务原则；⑤综合效益原则；⑥预防为主原则；⑦实事求是原则。

30. 【答案】D

【解析】总监理工程师由工程监理单位法定代表人书面任命，负责履行建设工程监理合同，主持项目监理机构工作，是监理项目的总负责人，对内向工程监理单位负责，对外向建设单位负责。

31. 【答案】ABCD

【解析】工程监理单位实施监理时，应在施工现场派驻项目监理机构，项目监理机构的组织形式和规模，可根据建设工程监理合同约定的服务内容、服务期限，以及工程特点、规模、技术复杂程度、环境等因素确定。

第二节　项目监理机构及监理人员职责

考点 1　项目监理机构的设立

1. 【答案】B

【解析】工程监理单位更换、调整项目监理机构监理人员，应做好交接工作，保持建设工程监理工作的连续性。工程监理单位调换总监理工程师，应征得建设单位书面同意；调换专业监理工程师时，总监理工程师应书面通知建设单位。

2. 【答案】B

【解析】建设工程监理目标是项目监理机构建立的前提，项目监理机构应根据建设工程监理合同中确定的目标，制定总目标并明确划分项目监理机构的分解目标。

3. 【答案】B

【解析】选项 A 错误，管理层次是指组织的最高管理者到最基层实际工作人员之间等级层次的数量。选项 B 正确，项目监理机构中管理跨度的确定应考虑监理人员的素质、管理活动的复杂性和相似性、监理业务的标准化程度、各规章制度的建立健全情况、建设工程的集中或分散情况等。选项 C 错误，管理跨度是指一名上级管理人员所直接管理的下级人数。选项 D 错误，管理层次可分为 3 个层次，即决策层、中间控制层和操作层。

4. 【答案】C

【解析】项目监理机构设立的步骤：①确定项目监理机构目标；②确定监理工作内容；

③设计项目监理机构组织结构；④制定工作流程和信息流程。

5. **【答案】** C

【解析】 项目监理机构设立的步骤：①确定项目监理机构目标；②确定监理工作内容；③设计项目监理机构组织结构；④制定工作流程和信息流程。可见，在确定项目监理机构组织形式前应进行的工作是确定监理工作内容。

6. **【答案】** B

【解析】 工程监理单位更换、调整项目监理机构监理人员，应做好交接工作，保持建设工程监理工作的连续性。工程监理单位调换总监理工程师时，应征得建设单位书面同意；调换专业监理工程师时，总监理工程师应书面通知建设单位。

7. **【答案】** CDE

【解析】 项目监理机构可设总监理工程师代表的情形包括：①工程规模较大，专业较复杂，总监理工程师难以处理多个专业工程时，可按专业设总监理工程师代表；②一个建设工程监理合同中包含多个相对独立的施工合同，可按施工合同段设总监理工程师代表；③工程规模较大，地域比较分散，可按工程地域设置总监理工程师代表。

8. **【答案】** B

【解析】 项目监理机构设立的步骤：①确定项目监理机构目标；②确定监理工作内容；③设计项目监理机构组织结构；④制定工作流程和信息流程。

9. **【答案】** AE

【解析】 项目监理机构设立的步骤：①确定项目监理机构目标。②确定监理工作内容。③设计项目监理机构组织结构：选择组织结构形式；确定管理层次与管理跨度；设置项目监理机构部门；制定岗位职责及考核标准；选派监理人员。④制定工作流程和信息流程。

10. **【答案】** B

【解析】 管理层次是指组织的最高管理者到最基层实际工作人员之间等级层次的数量。管理可分为3个层次，即决策层、中间控制层（协调层和执行层）和操作层。组织的最高管理者到最基层实际工作人员权责逐层递减，而人数却逐层递增。

11. **【答案】** B

【解析】 项目监理机构设立的步骤：①确定项目监理机构目标。②确定监理工作内容。③设计项目监理机构组织结构：选择组织结构形式；确定管理层次与管理跨度；设置项目监理机构部门；制定岗位职责及考核标准；选派监理人员。④制定工作流程和信息流程。

考点 2 项目监理机构组织形式

12. **【答案】** C

【解析】 直线职能制组织形式既保持了直线制组织实行直线领导、统一指挥、职责分明的优点，又保持了职能制组织目标管理专业化的优点。其缺点是职能部门与指挥部门易产生矛盾，信息传递路线长，不利于互通信息。

13.【答案】D

【解析】直线职能制组织形式的缺点是：职能部门与指挥部门易产生矛盾，信息传递路线长，不利于互通信息。

14.【答案】C

【解析】矩阵制组织形式的优点是加强了各职能部门的横向联系，具有较大的机动性和适应性，将上下左右集权与分权实行最优结合，有利于解决复杂问题，有利于监理人员业务能力的培养。缺点是纵横向协调工作量大，处理不当会造成扯皮现象，产生矛盾。

15.【答案】D

【解析】矩阵制组织形式的优点是加强了各职能部门的横向联系，具有较大的机动性和适应性，将上下左右集权与分权实行最优结合，有利于解决复杂问题，有利于监理人员业务能力的培养。缺点是纵横向协调工作量大，处理不当会造成扯皮现象，产生矛盾。

16.【答案】C

【解析】矩阵制组织形式的优点是加强了各职能部门的横向联系，具有较大的机动性和适应性，将上下左右集权与分权实行最优结合，有利于解决复杂问题，有利于监理人员业务能力的培养。

17.【答案】D

【解析】矩阵制组织形式的优点是加强了各职能部门的横向联系，具有较大的机动性和适应性，将上下左右集权与分权实行最优结合，有利于解决复杂问题，有利于监理人员业务能力的培养。其缺点是纵横向协调工作量大，处理不当会造成扯皮现象，产生矛盾。

18.【答案】A

【解析】直线制组织形式的特点是项目监理机构中任何一个下级只接受唯一上级的命令。项目监理机构中不再另设职能部门。适用于能划分为若干个相对独立的子项目的大、中型建设工程。

19.【答案】B

【解析】直线制监理组织形式的主要优点是组织机构简单，权力集中，命令统一，职责分明，决策迅速，隶属关系明确。缺点是实行没有职能部门的"个人管理"，这就要求总监理工程师通晓各种业务和多种专业技能，成为"全能"式人物。

20.【答案】C

【解析】直线职能制组织形式既保持了直线制组织实行直线领导、统一指挥、职责分明的优点，又保持了职能制组织目标管理专业化的优点。缺点是职能部门与指挥部门易产生矛盾，信息传递路线长，不利于互通信息。

21.【答案】C

【解析】直线职能制组织形式是吸收直线制组织形式和职能制组织形式的优点而形成的一种组织形式。这种组织形式将管理部门和人员分为两类：一类是直线指挥部门的人员，他们拥有对下级实行指挥和发布命令的权力，并对该部门的工作全面负责；另一类是职能部门的人员，他们是直线指挥人员的参谋，他们只能对下级部门进行业务指导，而不能对下级部门直接进行指挥和发布命令。直线职能制组织形式既保持了直线制组织实行直线领导、统一指挥、职责分明的优点，又保持了职能制组织目标管理专业化的优点。缺点是职能部门与指挥部门易产生矛盾，信息传递路线长，不利于互通信息。

22. **【答案】** B

【解析】 直线职能制组织形式既保持了直线制组织实行直线领导、统一指挥、职责分明的优点，又保持了职能制组织目标管理专业化的优点。缺点是职能部门与指挥部门易产生矛盾，信息传递路线长，不利于互通信息。

23. **【答案】** A

【解析】 矩阵制组织形式的优点是加强了各职能部门的横向联系，具有较大的机动性和适应性，将上下左右集权与分权实行最优结合，有利于解决复杂问题，有利于监理人员业务能力的培养。缺点是纵横向协调工作量大，处理不当会造成扯皮现象，产生矛盾。

24. **【答案】** D

【解析】 选项A错误，矩阵制组织形式的优点是加强了各职能部门的横向联系，具有较大的机动性和适应性，将上下左右集权与分权实行最优结合，有利于解决复杂问题，有利于监理人员业务能力的培养。缺点是纵横向协调工作量大，处理不当会造成扯皮现象，产生矛盾。选项B错误，直线职能制组织形式既保持了直线制组织实行直线领导、统一指挥、职责分明的优点，又保持了职能制组织目标管理专业化的优点。缺点是职能部门与指挥部门易产生矛盾，信息传递路线长，不利于互通信息。选项C错误，直线制监理组织形式适用于能划分为若干个相对独立的子项目的大、中型建设工程，对于小型建设工程，项目监理机构可采用按专业内容分解的直线制组织形式。

25. **【答案】** CDE

【解析】 职能制组织形式的主要优点是加强了项目监理目标控制的职能化分工，可以发挥职能机构的专业管理作用，提高管理效率，减轻总监理工程师的负担。缺点是由于下级人员受多头指挥，如果这些指令相互矛盾，会使下级在监理工作中无所适从。

考点 3 项目监理机构人员配备及职责分工

26. **【答案】** B

【解析】 选项A错误，工程建设强度越大，需投入的监理人数越多。选项C错误，可将工程复杂程度按五级划分：简单、一般、较复杂、复杂、很复杂。选项D错误，工程复杂程度涉及以下因素：设计活动、工程地点位置、气候条件、地形条件、工程地质、工程性质、工程结构类型、施工方法、工期要求、材料供应、工程分散程度等。

27. **【答案】** B

【解析】 选项A错误，工程复杂程度定级可采用定量办法。选项C错误，工程建设强度越大，需投入的监理人数越多。选项D错误，工程地质、工程结构类型属于影响建设工程复杂程度的因素。

28. **【答案】** ADE

【解析】 选项B错误，专业监理工程师参与审核分包单位资格。选项C错误，专业监理工程师负责验收隐蔽工程。

29. 【答案】CDE

【解析】专业监理工程师应履行下列职责：①参与编制监理规划，负责编制监理实施细则；②审查施工单位提交的涉及本专业的报审文件，并向总监理工程师报告；③参与审核分包单位资格；④指导、检查监理员工作，定期向总监理工程师报告本专业监理工作实施情况；⑤检查进场的工程材料、构配件、设备的质量；⑥验收检验批、隐蔽工程、分项工程，参与验收分部工程；⑦处置发现的质量问题和安全事故隐患；⑧进行工程计量；⑨参与工程变更的审查和处理；⑩组织编写监理日志，参与编写监理月报；⑪收集、汇总、参与整理监理文件资料；⑫参与工程竣工预验收和竣工验收。

30. 【答案】CDE

【解析】选项A、B属于总监理工程师的职责。

31. 【答案】B

【解析】选项A、C、D属于总监理工程师的职责。

32. 【答案】B

【解析】监理员应履行下列职责：①检查施工单位投入工程的人力、主要设备的使用及运行状况；②进行见证取样；③复核工程计量有关数据；④检查工序施工结果；⑤发现施工作业中的问题，及时指出并向专业监理工程师报告。

33. 【答案】AC

【解析】监理员应履行下列职责：①检查施工单位投入工程的人力、主要设备的使用及运行状况；②进行见证取样；③复核工程计量有关数据；④检查工序施工结果；⑤发现施工作业中的问题，及时指出并向专业监理工程师报告。

34. 【答案】B

【解析】总监理工程师不得将下列工作委托给总监理工程师代表：①组织编制监理规划，审批监理实施细则（选项A不符合题意）；②根据工程进展及监理工作情况调配监理人员；③组织审查施工组织设计、（专项）施工方案；④签发工程开工令、暂停令和复工令；⑤签发工程款支付证书，组织审核竣工结算（选项C不符合题意）；⑥调解建设单位与施工单位的合同争议，处理工程索赔（选项D不符合题意）；⑦审查施工单位的竣工申请，组织工程竣工预验收，组织编写工程质量评估报告，参与工程竣工验收；⑧参与或配合工程质量安全事故的调查和处理。

35. 【答案】BCE

【解析】根据《建设工程监理规范》，总监理工程师应履行下列职责：①确定项目监理机构人员及其岗位职责；②组织编制监理规划，审批监理实施细则（选项A错误）；③根据工程进展及监理工作情况调配监理人员，检查监理人员工作；④组织召开监理例会（选项B正确）；⑤组织审核分包单位资格；⑥组织审查施工组织设计、（专项）施工方案；⑦审查开复工报审表，签发工程开工令、暂停令；⑧组织检查施工单位现场质量、安全生产管理体系的建立及运行情况；⑨组织审核施工单位的付款申请，签发工程款支付证书，组织审核竣工结算（选项C正确）；⑩组织审查和处理工程变更；⑪调解建设单位与施工单位的合同争议，处理工程索赔；⑫组织验收分部工程，组织审查单位工程质量检验资料；⑬审查施工单位的竣工申请，组织工程竣工预验收，组织编写工程质量评估报告，参与工程竣工验收（选项D错误）；⑭参与或配合工程质量安全事故的调查和处理；⑮组织编写监理月报、监理工作总结，组织整理监理文件资料（选项E正确）。

36. 【答案】CDE

【解析】每个工程单位的业务水平和对某类工程的熟悉程度不完全相同，在人员素质、管理水平和监理设备手段等方面也存在差异，这都会直接影响到效率的高低。

37. 【答案】B

【解析】影响项目监理机构人员数量的主要因素：①工程建设强度。工程建设强度是指单位时间内投入的建设工程资金的数量。工程建设强度＝投资/工期，其中，投资和工期是指由监理单位所承担的那部分工程的建设投资和工期。②建设工程复杂程度。可将工程分为若干工程复杂程度等级，如：简单、一般、较复杂、复杂、很复杂。简单工程需要的监理人员较少，而复杂工程需要的项目监理人员较多。③监理单位的业务水平。每个工程单位的业务水平和对某类工程的熟悉程度不完全相同，在人员素质、管理水平和监理设备手段等方面也存在差异，这都会直接影响到效率的高低。各监理单位应当根据自己的实际情况制定监理人员需要量定额。④项目监理机构的组织结构和任务职能分工。

38. 【答案】ABC

【解析】影响项目监理机构人员数量的主要因素：①工程建设强度；②建设工程复杂程度；③监理单位的业务水平；④项目监理机构的组织结构和任务职能分工。

39. 【答案】C

【解析】工程建设强度是指单位时间内投入的建设工程资金的数量。工程建设强度＝投资/工期，其中，投资和工期是指由监理单位所承担的那部分工程的建设投资和工期。

40. 【答案】C

【解析】总监理工程师是由工程监理单位法定代表人书面任命，负责履行建设工程监理合同、主持项目监理机构工作的监理工程师。

41. 【答案】D

【解析】总监理工程师不得将下列工作委托给总监理工程师代表：①组织编制监理规划，审批监理实施细则；②根据工程进展及监理工作情况调配监理人员；③组织审查施工组织设计、（专项）施工方案；④签发工程开工令、暂停令和复工令；⑤签发工程款支付证书，组织审核竣工结算；⑥调解建设单位与施工单位的合同争议，处理工程索赔；⑦审查施工单位的竣工申请，组织工程竣工预验收，组织编写工程质量评估报告，参与工程竣工验收；⑧参与或配合工程质量安全事故的调查和处理。

42. 【答案】AB

【解析】选项C错误，总监理工程师参与或配合工程质量安全事故的调查和处理。选项D错误，专业监理工程师处置发现的质量问题和安全事故隐患。选项E错误，总监理

工程师组织审核分包单位资格。

43. **【答案】** AB

【解析】 监理员应履行下列职责：①检查施工单位投入工程的人力、主要设备的使用及运行状况；②进行见证取样；③复核工程计量有关数据；④检查工序施工结果；⑤发现施工作业中的问题，及时指出并向专业监理工程师报告。

第七章　监理规划与监理实施细则

第一节　监理规划

➢ 重难点：

1. 监理规划编写依据和要求。
2. 监理规划主要内容（监理工作制度，工程质量、造价、进度控制，安全生产管理的监理工作，组织协调）。
3. 监理规划的报审程序。

考点 1　监理规划编写依据和要求

1. 【单选】下列关于监理规划编写要求的说法，正确的是（　　）。

A. 监理规划的内部审核单位是监理单位的商务合同管理部门

B. 监理规划应由专业监理工程师参与编写并报监理单位法定代表人审批

C. 监理规划应根据工程监理合同所确定的监理范围与内容进行编写

D. 监理规划中的监理方法措施应与施工方案相符合

2. 【单选】根据《建设工程监理规范》，监理规划应在（　　）编制。

A. 接到监理中标通知书及签订建设工程监理合同后

B. 签订建设工程监理合同及收到施工组织设计文件后

C. 接到监理投标邀请书及递交监理投标文件前

D. 签订建设工程监理合同及收到工程设计文件后

3. 【单选】监理工作规范化、制度化、科学化要求监理规划在编写时（　　）。

A. 内容应具有针对性、指导性和可操作性

B. 应把握工程项目运行脉搏

C. 经审核批准后方可实施

D. 基本构成内容应当力求统一

4. 【单选】为使监理工作得到有关各方的理解和支持，编写监理规划时应充分听取（　　）的意见。

A. 建设单位　　　　B. 勘察单位

C. 施工单位　　D. 监理单位

5. 【单选】根据《建设工程监理合同（示范文本）》，监理规划应在第一次工地会议召开之日（　　）天前报建设单位。

A. 3　　B. 5

C. 7　　D. 10

6. 【多选】根据《建设工程监理规范》，下列监理工作文件中，需要工程监理单位技术负责人审批签字后报送建设单位的有（　　）。

A. 监理规划

B. 旁站方案

C. 第一次工地会议纪要

D. 工程质量评估报告

E. 工程暂停令

7. 【单选】下列关于监理规划的说法，正确的是（　　）。

A. 监理规划是建设单位考核监理工作绩效的操作性文件

B. 监理规划应由总监理工程师审核后报送建设单位

C. 监理规划是项目监理机构全面开展监理工作的指导性文件

D. 监理规划应在第一次工地会议召开后 7 天内报送建设单位

8. 【单选】监理规划编制的依据是（　　）。

A. 监理合同

B. 专项施工方案

C. 工艺试验成果报告

D. 施工控制测量成果报告

第七章 必刷

9. 【多选】实施建设工程监理和编制监理规划共同的依据有（　　）。

A. 施工组织设计

B. 工程建设法律法规

C. 工程建设标准

D. 建设工程合同

E. 监理合同

10. 【单选】下列关于监理规划的说法，正确的是（　　）。

A. 监理规划是监理合同组成文件

B. 监理规划的主要内容不包括安全生产管理方面的监理工作

C. 监理规划应由总监理工程师组织编制

D. 监理规划应由监理单位技术负责人组织编写

11. 【单选】对监理规划的编制应把握工程项目运行脉搏的要求是指（　　）。

A. 监理规划的内容构成应当力求统一

B. 监理规划的内容应当具有可操作性

C. 监理规划的内容应随工程进展不断地补充完善

D. 监理规划的编制应充分考虑其时效性

12. 【单选】《建设工程监理规范》规定，监理规划应在签订委托监理合同及收到设计文件后开始编制，还应经（　　）审批。

扫码听课

A. 总监理工程师

B. 总监理工程师授权的专业监理工程师

C. 监理单位技术负责人

D. 建设单位负责人

13. 【单选】下列文件中，由总监理工程师负责组织编制的是（　　）。

A. 监理细则　　B. 监理规划

C. 监理大纲　　D. 监理投标书

14. 【单选】下列关于建设工程监理规划编写的说法，正确的是（　　）。

A. 监理规划的编写必须满足业主的要求，且宜粗不宜细

B. 监理规划编写应留有审批时间，以便监理单位负责人对监理规划进行审批

C. 监理工作的组织、控制、方法、措施等是监理规划中必不可少的内容

D. 监理规划的内容应按监理投标阶段和监理合同实施阶段分别编制

考点 2 监理规划主要内容

15. 【单选】下列监理规划的编制依据中，反映建设单位对项目监理要求的文件是（　　）。

A. 建设工程监理规范

B. 监理工程范围和内容

C. 设计图纸和施工说明书

D. 招标投标和工程监理制度

16. 【多选】下列制度中，属于项目监理机构内部工作制度的有（　　）。

A. 施工备忘录签发制度

B. 施工组织设计审核制度

C. 工程变更处理制度

D. 监理工作日志制度

E. 监理业绩考核制度

17. 【单选】下列工作制度中，属于项目监理机构内部工作制度的是（　　）。

A. 施工组织设计审核制度

B. 监理机构人员岗位职责制度

C. 图纸会审及设计交底制度

D. 工程款审核制度

18. 【单选】监理规划中的对外行文审批制度属于（　　）。

A. 项目监理机构现场监理工作制度

B. 项目监理机构内部工作制度

C. 设计阶段服务工作制度

D. 施工招标阶段服务工作制度

19. 【单选】下列工程目标控制任务中，不属于工程质量控制任务的是（　　）。

A. 审查施工组织设计及专项施工方案

B. 审查工程中使用的新技术、新工艺

C. 分析比较实际完成工程量与计划工程量

D. 复核施工控制测量成果与保护措施

20. 【单选】下列工程造价控制工作中，属于项目监理机构在施工阶段控制工程造价的工作内容是（　　）。

A. 定期进行工程计量　　B. 审查工程概算

C. 进行建设方案比选　　D. 进行投资方案论证

21. 【多选】监理规划中应明确的工程进度控制措施有（　　）。

A. 建立多级网络计划体系　　B. 严格审核施工组织设计

C. 建立进度控制协调制度　　D. 按施工合同及时支付工程款

E. 监控施工单位实施作业计划

22. 【单选】对于超过一定规模的危险性较大的分部分项工程的专项施工方案，需要由（　　）组织召开专家论证会。

A. 建设单位　　B. 设计单位

C. 施工单位　　D. 监理单位

23. 【多选】下列实行专业分包的工程中，专项施工方案不能由专业分包单位组织编制的有（　　）。

A. 深基坑工程　　B. 附着式升降脚手架工程

C. 起重机械安装拆卸工程　　D. 高大模板工程

E. 拆除、爆破工程

24. 【单选】下列工程造价控制措施中，属于技术措施的是（　　）。

A. 落实质量控制责任

B. 审查施工组织设计

C. 不予计量质量不合格的分项工程

D. 按规定处罚工程质量缺陷责任人

25. 【多选】根据《建设工程监理规范》，监理规划应包括的内容有（　　）。

A. 工程概况

B. 监理工作内容、范围、目标

C. 工程风险分析与控制

D. 工程质量、造价、进度控制和组织协调

E. 监理重点、难点分析与建议

26. 【单选】图纸会审及设计交底制度属于监理规划中的（　　）。

A. 组织协调　　B. 合同与信息管理

C. 监理工作设施　　D. 监理工作制度

27. 【单选】下列工作制度中，仅属于相关服务工作制度的是（　　）。
A. 设计交底制度　　B. 设计方案评审制度
C. 设计变更处理制度　　D. 施工图纸会审制度

28. 【单选】下列监理工程师对质量控制的措施中，属于技术措施的是（　　）。
A. 落实质量控制责任
B. 严格质量控制工作流程
C. 制定质量控制协调程序
D. 协助完善质量保证体系

29. 【多选】监理规划中质量控制的组织措施包括（　　）。
A. 严格质量检查与监督　　B. 拒付不合格工程的款项
C. 落实质量控制责任　　D. 完善监理人员职责分工
E. 制定质量监督管理制度

扫码听课

30. 【单选】下列造价控制措施中，属于合同措施的是（　　）。
A. 完善职责分工及有关制度
B. 审核施工组织设计
C. 正确处理索赔事宜
D. 计划费用与实际费用的动态比较

31. 【多选】下列工程造价控制内容中，属于工程造价动态比较内容的有（　　）。
A. 工程造价控制计划的编制　　B. 工程造价控制计划的审核
C. 工程造价偏差的纠正　　D. 工程造价目标值的预测分析
E. 工程造价目标分解值与实际值的比较

32. 【多选】实行工程总承包的工程，专项施工方案可由专业分包单位组织编制的有（　　）。
A. 起重机械安装　　B. 起重机械拆卸
C. 附着式升降脚手架　　D. 主体结构工程施工
E. 深基坑开挖

扫码听课

33. 【多选】监理规划中应明确的安全生产管理措施有（　　）。
A. 组织验收施工起重机械的安全性能
B. 督促施工单位落实安全技术措施
C. 审查施工单位的安全生产规章制度
D. 督促施工单位落实应急救援预案
E. 制定危险性较大的分部工程旁站方案

34. 【多选】根据《建设工程监理规范》，监理规划应包含的内容有（　　）。
A. 监理工作的范围、内容、目标　　B. 监理人员进退场计划
C. 安全生产管理的监理工作　　D. 监理实施细则的编制需求
E. 质量保证体系的建立

考点 3　**监理规划报审**

35. **【多选】**下列监理规划的审核内容中，属于履行安全生产管理的监理法定职责内容的有（　　）。
A. 是否建立了对施工组织设计、专项施工方案的审查制度
B. 是否建立了对现场安全隐患的巡视检查制度
C. 是否结合工程特点建立了与建设单位的沟通协调机制
D. 是否建立了安全生产管理状况的监理报告制度
E. 是否确定了质量、造价、进度三大目标控制的相应措施

36. **【多选】**审核监理规划时，对监理组织机构审核的内容包括（　　）。
A. 是否理解了业主的工程建设意图
B. 是否包括了全部委托的工作任务
C. 是否与工程实施特点相结合
D. 是否与建设单位的组织关系相协调
E. 是否与施工单位的组织关系相协调

第二节　监理实施细则

➢ **重难点：**
1. 监理实施细则编写依据和要求。
2. 监理实施细则主要内容。
3. 监理实施细则报审程序和审核内容。

考点 1　**监理实施细则编写依据和要求**

1. **【单选】**根据《建设工程监理规范》，下列文件资料中，可作为监理实施细则编制依据的是（　　）。
A. 工程质量评估报告　　B. 专项施工方案
C. 已批准的可行性研究报告　　D. 监理月报

2. **【单选】**根据《建设工程监理规范》，不属于监理实施细则编写依据的是（　　）。
A. 已批准的监理规划
B. 施工组织设计、专项施工方案
C. 工程外部环境调查资料
D. 与专业工程相关的设计文件和技术资料

3. **【多选】**根据《建设工程监理规范》，监理实施细则编写的依据有（　　）。
A. 建设工程施工合同文件
B. 已批准的监理规划

C. 与专业工程相关的标准

D. 已批准的施工组织设计、(专项) 施工方案

E. 施工单位的特定要求

4. **【单选】** 监理实施细则需经（　　）审批后实施。

A. 总监理工程师代表

B. 工程监理单位技术负责人

C. 总监理工程师

D. 相应专业监理工程师

5. **【单选】** 下列不属于监理实施细则要求的是（　　）。

A. 内容全面　　B. 可操作性

C. 可实施性　　D. 针对性强

6. **【单选】** 下列关于监理实施细则的说法，正确的是（　　）。

A. 监理实施细则应依据监理大纲编制

B. 监理实施细则应由总监理工程师主持编制

C. 监理实施细则应经监理单位技术负责人审批、总监理工程师签发后实施

D. 监理实施细则是针对某一专业或某一方面建设工程监理工作的操作性文件

7. **【单选】** 下列关于监理大纲、监理规划和监理实施细则的说法，正确的是（　　）。

A. 监理大纲、监理规划和监理实施细则均应依据监理合同的要求编写

B. 监理规划和监理实施细则均应由监理单位技术负责人审批

C. 委托监理的工程项目均应编制监理大纲、监理规划和监理实施细则

D. 工程监理目标控制措施是监理大纲、监理规划和监理实施细则的必备内容

考点 2　监理实施细则主要内容

8. **【多选】** 下列工作流程中，监理工作涉及的有（　　）。

A. 分包单位招标选择流程

B. 质量三检制度落实流程

C. 隐蔽工程验收流程

D. 工程质量问题处理审核流程

E. 开工审核工作流程

9. **【多选】** 根据《建设工程监理规范》，监理实施细则的内容包括（　　）。

A. 专业工程特点　　B. 监理工作要点

C. 监理工作方法和措施　　D. 项目主要目标

E. 监理工作制度

10. **【单选】** 某小区开发项目，监理实施细则明确了土方开挖与基坑支护特点，属于监理实施细则中的（　　）。

A. 监理工作流程　　B. 专业工程特点

C. 监理工作要点　　D. 监理工作措施

11. **【多选】**下列属于监理实施细则中监理工作流程的有（　　）。

A. 测量监理流程　　B. 旁站检查工作流程

C. 工程变更处理流程　　D. 监理投标流程

E. 设计方案审批流程

12. **【单选】**某建筑工程钻孔灌注桩分项工程，根据钻孔桩工艺和施工特点，对项目监理机构人员分 2 班进行旁站、巡视，属于监理工作措施中的（　　）。

A. 技术措施　　B. 经济措施

C. 组织措施　　D. 合同措施

考点 3 监理实施细则报审

13. **【单选】**根据《建设工程监理规范》，监理实施细则应由（　　）负责编制。

A. 专业监理工程师　　B. 总监理工程师

C. 监理员　　D. 监理单位技术负责人

14. **【多选】**对建设工程监理实施细则中人员配备方面审查的主要内容应当包括（　　）。

A. 组织形式是否与项目承发包模式相协调

B. 监理人员的职责分工是否合理

C. 监理人员的专业满足程度

D. 监理人员的数量满足程度

E. 是否有操作性较强的现场人员计划安排表

参考答案及解析

第七章　监理规划与监理实施细则

第一节　监理规划

考点 1　监理规划编写依据和要求

1. **【答案】** C

【解析】 选项A、B错误，监理规划在编写完成后需进行审核并经批准。监理单位的技术部门是内部审核单位，技术负责人应当签认，同时，还应当按工程监理合同约定提交给建设单位，由建设单位确认。选项D不属于监理规划的编制要求。

2. **【答案】** D

【解析】 监理规划可在签订建设工程监理合同及收到工程设计文件后由总监理工程师组织编制，并应在召开第一次工地会议前报送建设单位。

3. **【答案】** D

【解析】 监理规划在总体内容组成上应力求做到统一，这是监理工作规范化、制度化、科学化的要求。

4. **【答案】** A

【解析】 监理规划的编写应听取建设单位的意见，以便能最大限度满足其合理要求，使监理工作得到有关各方的理解和支持，为进一步做好监理服务奠定基础。

5. **【答案】** C

【解析】 监理规划应在签订建设工程监理合同及收到工程设计文件后由总监理工程师组织编制，并应在第一次工地会议召开之日7天前报建设单位。

6. **【答案】** AD

【解析】 监理规划报送前应由监理单位技术负责人审核签字。工程竣工预验收合格后，由总监理工程师组织专业监理工程师编制工程质量评估报告，编制完成后，由项目总监理工程师及监理单位技术负责人审核签认并加盖监理单位公章后报建设单位。

7. **【答案】** C

【解析】 选项A错误，监理规划是项目监理机构全面开展建设工程监理工作的指导性文件。选项B、D错误，监理规划应在签订建设工程监理合同及收到工程设计文件后由总监理工程师组织编制，并应在召开第一次工地会议7天前报送建设单位；监理规划报送前还应由监理单位技术负责人审核签字。

8. **【答案】** A

【解析】 监理规划编写依据：①工程建设法律法规和标准；②建设工程外部环境调查研究资料；③政府批准的工程建设文件；④建设工程监理合同文件；⑤建设工程合同；⑥建

设单位的要求；⑦工程实施过程中输出的有关工程信息。

9.【答案】BCDE

【解析】建设工程监理实施依据包括法律法规、工程建设标准、勘察设计文件及合同。监理规划编写依据：①工程建设法律法规和标准；②建设工程外部环境调查研究资料；③政府批准的工程建设文件；④建设工程监理合同文件；⑤建设工程合同；⑥建设单位的要求；⑦工程实施过程中输出的有关工程信息。

10.【答案】C

【解析】选项A错误，建设工程监理合同的相关条款和内容是编写监理规划的重要依据。选项B错误，监理规划的基本构成内容应包括：项目监理组织及人员岗位职责，监理工作制度，工程质量、造价、进度控制，安全生产管理的监理工作，合同与信息管理，组织协调等。选项C正确、选项D错误，监理规划应在签订建设工程监理合同及收到工程设计文件后由总监理工程师组织编制，并应在召开第一次工地会议7天前报建设单位。监理规划报送前还应由监理单位技术负责人审核签字。因此，监理规划的编写还要留出必要的审查和修改时间。

11.【答案】C

【解析】监理规划应把握工程项目运行脉搏，指其可能随着工程进展进行不断的补充、修改和完善。

12.【答案】C

【解析】监理规划应在签订建设工程监理合同及收到工程设计文件后由总监理工程师组织编制，并应在召开第一次工地会议7天前报建设单位。监理规划报送前还应由监理单位技术负责人审核签字。因此，监理规划的编写还要留出必要的审查和修改时间。

13.【答案】B

【解析】监理规划应在签订建设工程监理合同及收到工程设计文件后由总监理工程师组织编制，并应在召开第一次工地会议7天前报建设单位。监理规划报送前还应由监理单位技术负责人审核签字。因此，监理规划的编写还要留出必要的审查和修改时间。

14.【答案】C

【解析】选项A错误，工程监理单位应竭诚为客户服务，在不超出合同职责范围的前提下，工程监理单位应最大程度地满足建设单位的合理要求。选项B错误，监理规划报送前应由监理单位技术负责人审核签字。选项D错误，监理规划的内容主要涉及监理合同实施阶段。

考点2　监理规划主要内容

15.【答案】B

【解析】反映建设单位对项目监理要求的资料是监理合同（反映监理工作范围和内容）、监理大纲、监理投标文件。

16.【答案】DE

【解析】项目监理机构内部工作制度包括：①项目监理机构工作会议制度，包括监理交

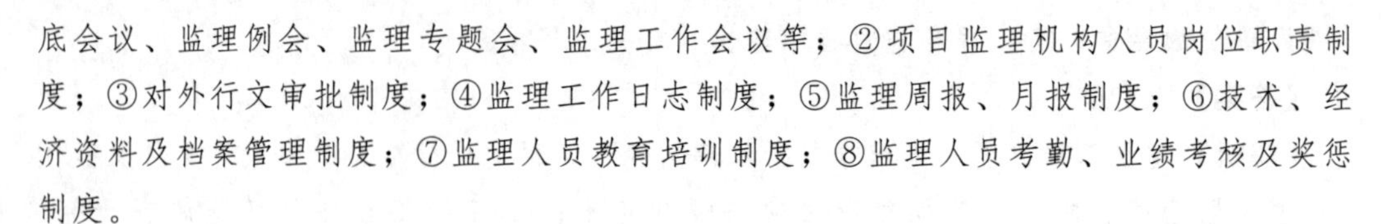

底会议、监理例会、监理专题会、监理工作会议等；②项目监理机构人员岗位职责制度；③对外行文审批制度；④监理工作日志制度；⑤监理周报、月报制度；⑥技术、经济资料及档案管理制度；⑦监理人员教育培训制度；⑧监理人员考勤、业绩考核及奖惩制度。

17. **【答案】** B

【解析】 项目监理机构内部工作制度包括：①项目监理机构工作会议制度，包括监理交底会议、监理例会、监理专题会、监理工作会议等；②项目监理机构人员岗位职责制度；③对外行文审批制度；④监理工作日志制度；⑤监理周报、月报制度；⑥技术、经济资料及档案管理制度；⑦监理人员教育培训制度；⑧监理人员考勤、业绩考核及奖惩制度。

18. **【答案】** B

【解析】 项目监理机构内部工作制度包括：①项目监理机构工作会议制度，包括监理交底会议、监理例会、监理专题会、监理工作会议等；②项目监理机构人员岗位职责制度；③对外行文审批制度；④监理工作日志制度；⑤监理周报、月报制度；⑥技术、经济资料及档案管理制度；⑦监理人员教育培训制度；⑧监理人员考勤、业绩考核及奖惩制度。

19. **【答案】** C

【解析】 工程质量控制主要任务包括：①审查施工单位现场的质量保证体系；②审查施工组织设计、（专项）施工方案；③审查工程中使用的新材料、新工艺、新技术、新设备的质量认证材料和相关验收标准的适用性；④检查、复核施工控制测量成果及保护措施；⑤审核分包单位资格，检查施工单位为本工程提供服务的试验室；⑥审查施工单位用于工程的材料、构配件、设备的质量证明文件，并按要求对用于工程的材料进行见证取样、平行检验，对施工质量进行平行检验；⑦审查影响工程质量的计量设备的检查和检定报告；⑧采用旁站、巡视检查、平行检验等方式对施工过程进行检查监督；⑨对隐蔽工程、检验批、分项工程和分部工程进行验收；⑩对质量缺陷、质量问题、质量事故及时进行处置和检查验收；⑪对单位工程进行竣工验收，并组织工程竣工预验收；⑫参加工程竣工验收，签署建设工程监理意见。

20. **【答案】** A

【解析】 在建设工程施工阶段造价控制的主要任务是通过工程计量、工程付款控制、工程变更费用控制、预防并处理好费用索赔、挖掘降低工程造价潜力等使工程实际费用支出不超过计划投资。

21. **【答案】** ACE

【解析】 工程进度控制具体措施有：①组织措施：落实进度控制的责任，建立进度控制协调制度。②技术措施：建立多级网络计划体系，监控施工单位的实施作业计划。③经济措施：对工期提前者实行奖励；对应急工程实行较高的计价单价；确保资金的及时供应等。④合同措施：按合同要求及时协调有关各方的进度，以确保建设工程的形象进度。

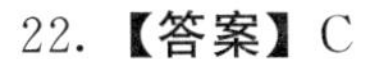

22. 【答案】C

【解析】对于超过一定规模的危险性较大的分部分项工程专项施工方案应当由施工单位组织召开专家论证会。

23. 【答案】DE

【解析】实行施工总承包的，专项施工方案应当由总承包施工单位组织编制，其中，起重机械安装拆卸工程、深基坑工程、附着式升降脚手架等专业工程实行分包的，其专项施工方案可由专业分包单位组织编制。

24. 【答案】B

【解析】工程造价控制措施包括组织措施、技术措施、经济措施及合同措施。其中，技术措施包括：①对材料、设备采购，通过质量价格比选，合理确定生产供应单位；②通过审核施工组织设计和施工方案，使施工组织合理化。

25. 【答案】ABD

【解析】《建设工程监理规范》明确规定，监理规划的内容包括（12项）：工程概况；监理工作的范围、内容、目标；监理工作依据；监理组织形式、人员配备及进退场计划、监理人员岗位职责；监理工作制度；工程质量控制；工程造价控制；工程进度控制；安全生产管理的监理工作；合同与信息管理；组织协调；监理工作设施。

26. 【答案】D

【解析】项目监理机构现场监理工作制度：①图纸会审及设计交底制度；②施工组织设计审核制度；③工程开工、复工审批制度；④整改制度，包括签发监理通知单和工程暂停令等；⑤平行检验、见证取样、巡视检查和旁站制度；⑥工程材料、半成品质量检验制度；⑦隐蔽工程验收、分项（部）工程质量验收制度；⑧单位工程验收、单项工程验收制度；⑨监理工作报告制度；⑩安全生产监督检查制度；⑪质量安全事故报告和处理制度；⑫技术经济签证制度；⑬工程变更处理制度；⑭现场协调会及会议纪要签发制度；⑮施工备忘录签发制度；⑯工程款支付审核、签认制度；⑰工程索赔审核、签认制度等。

27. 【答案】B

【解析】在设计阶段，相关服务工作制度包括设计方案评审办法、施工图纸审核制度等。

28. 【答案】D

【解析】工程质量控制的具体措施如下：①组织措施：建立健全项目监理机构，完善职责分工，制定有关质量监督制度，落实质量控制责任。②技术措施：协助完善质量保证体系；严格事前、事中和事后的质量检查监督。③经济措施及合同措施：严格质量检查和验收，不符合合同规定质量要求的，拒付工程款；达到建设单位特定质量目标要求的，按合同支付工程质量补偿金或奖金。

29. 【答案】CDE

【解析】工程质量控制的具体措施如下：①组织措施：建立健全项目监理机构，完善职责分工，制定有关质量监督制度，落实质量控制责任。②技术措施：协助完善质量保证体系；严格事前、事中和事后的质量检查监督。③经济措施及合同措施：严格质量检查和验收，不符合合同规定质量要求的，拒付工程款；达到建设单位特定质量目标要求的，按合同支付工程质量补偿金或奖金。

30. 【答案】C

【解析】工程造价控制的具体措施：①组织措施：包括建立健全项目监理机构，完善职责分工及有关制度，落实工程造价控制责任。②技术措施：对材料、设备采购，通过质量价格比选，合理确定生产供应单位；通过审核施工组织设计和施工方案，使施工组织合理化。③经济措施：包括及时进行计划费用与实际费用的分析比较；对原设计或施工方案提出合理化建议并被采用，由此产生的投资节约按合同规定予以奖励。④合同措施：按合同条款支付工程款，防止过早、过量的支付。减少施工单位的索赔，正确处理索赔事宜等。

31. 【答案】DE

【解析】工程造价动态比较的内容包括：①工程造价目标分解值与造价实际值的比较；②工程造价目标值的预测分析。

32. 【答案】ABCE

【解析】实行施工总承包的，专项施工方案应当由总承包施工单位组织编制，其中，起重机械安装拆卸工程、深基坑工程、附着式升降脚手架等专业工程实行分包的，其专项施工方案可由专业分包单位组织编制。

33. 【答案】BCD

【解析】安全生产管理的监理方法和措施：①通过审查施工单位现场安全生产规章制度的建立和实施情况，督促施工单位落实安全技术措施和应急救援预案，加强风险防范意识，预防和避免安全事故发生；②通过项目监理机构安全管理责任风险分析，制定监理实施细则，落实监理人员，加强日常巡视和安全检查，发现安全事故隐患时，项目监理机构应当履行监理职责，采取会议、告知、通知、停工、报告等措施向施工单位管理人员指出，预防和避免安全事故发生。

34. 【答案】ABC

【解析】《建设工程监理规范》明确规定，监理规划的内容包括：工程概况；监理工作的范围、内容、目标；监理工作依据；监理组织形式、人员配备及进退场计划、监理人员岗位职责；监理工作制度；工程质量控制；工程造价控制；工程进度控制；安全生产管理的监理工作；合同与信息管理；组织协调；监理工作设施。

考点 3 监理规划报审

35. 【答案】ABD

【解析】安全生产管理的监理工作内容：①编制工程监理实施细则，落实相关监理人员；②审查施工单位现场安全生产规章制度的建立和实施情况；③审查施工单位安全生产许可证及施工单位项目经理、专职安全生产管理人员和特种作业人员的资格，核查施工机械和设施的安全许可验收手续；④审查施工单位提交的施工组织设计，重点审查其中的质量安全技术措施、专项施工方案与工程建设强制性标准的符合性；⑤审查包括施工起重机械和整体提升脚手架、模板等自升式架设设施等在内的施工机械和设施的安全许可验收手续情况；⑥巡视检查危险性较大的分部分项工程专项施工方案实施情况；⑦对施工单位拒不整改或不停止施工时，应及时向有关主管部门报送监理报告。

36.【答案】CDE

【解析】对组织机构方面的审核包括：组织形式、管理模式等是否合理，是否已结合工程实施特点，是否能够与建设单位的组织关系和施工单位的组织关系相协调等。选项A、B属于监理范围、工作内容及监理目标的审核。

第二节　监理实施细则

考点 1　监理实施细则编写依据和要求

1.【答案】B

【解析】《建设工程监理规范》规定了监理实施细则编写的依据：①已批准的建设工程监理规划；②与专业工程相关的标准、设计文件和技术资料；③施工组织设计、(专项）施工方案。

2.【答案】C

【解析】《建设工程监理规范》规定了监理实施细则编写的依据：①已批准的建设工程监理规划；②与专业工程相关的标准、设计文件和技术资料；③施工组织设计、(专项）施工方案。

3.【答案】BCD

【解析】《建设工程监理规范》规定了监理实施细则编写的依据：①已批准的建设工程监理规划；②与专业工程相关的标准、设计文件和技术资料；③施工组织设计、(专项）施工方案。

4.【答案】C

【解析】监理实施细则可随工程进展编制，但应在相应工程开始前由专业监理工程师编制完成，并经总监理工程师审批后实施。

5.【答案】C

【解析】从监理实施细则目的角度，监理实施细则应满足以下三个方面要求：①内容全面；②针对性强；③可操作性。

6.【答案】D

【解析】选项A错误，监理实施细则编写依据：①监理规划；②工程建设标准、工程设计文件；③施工组织设计、(专项）施工方案。选项B错误，监理实施细则是在监理规划的基础上，当落实了各专业监理责任和工作内容后，由专业监理工程师针对工程具体情况制定出更具实施性和操作性的业务文件，其作用是具体指导监理业务的实施。选项C错误，监理实施细则可随工程进展编制，但必须在相应工程施工前完成，并经总监理工程师审批后实施。

7. **【答案】** D

【解析】 选项A错误，监理实施细则编写依据：①监理规划；②工程建设标准、工程设计文件；③施工组织设计、（专项）施工方案。选项B错误，监理实施细则可随工程进展编制，但必须在相应工程施工前完成，并经总监理工程师审批后实施。选项C错误，采用新材料、新工艺、新技术、新设备的工程，以及专业性较强、危险性较大的分部分项工程，应编制监理实施细则。对于工程规模较小、技术较为简单且有成熟监理经验和施工技术措施落实的情况下，可以不必编制监理实施细则。

考点 2 监理实施细则主要内容

8. **【答案】** CDE

【解析】 监理工作涉及的流程包括：开工审核工作流程、施工质量控制流程、进度控制流程、造价（工程量计量）控制流程、安全生产和文明施工监理流程、测量监理流程、施工组织设计审核工作流程、分包单位资格审核流程、建筑材料审核流程、技术审核流程、工程质量问题处理审核流程、旁站检查工作流程、隐蔽工程验收流程、工程变更处理流程、信息资料管理流程等。

9. **【答案】** ABC

【解析】 监理实施细则应包含的内容有：①专业工程特点；②监理工作流程；③监理工作要点；④监理工作方法及措施。

10. **【答案】** B

【解析】 监理实施细则内容中的专业工程特点是指需要编制监理实施细则的工程专业特点，而不是简单的工程概述。专业工程特点应从专业工程施工的重点和难点、施工范围和施工顺序、施工工艺、施工工序等内容进行有针对性的阐述，体现为工程施工的特殊性、技术的复杂性，与其他专业的交叉和衔接以及各种环境约束条件。如对于某小区开发项目，监理细则中专业工程特点部分则主要明确了土方开挖与基坑支护工程特点等。

11. **【答案】** ABC

【解析】 监理工作涉及的流程包括：开工审核工作流程、施工质量控制流程、进度控制流程、造价（工程量计量）控制流程、安全生产和文明施工监理流程、测量监理流程、施工组织设计审核工作流程、分包单位资格审核流程、建筑材料审核流程、技术审核流程、工程质量问题处理审核流程、旁站检查工作流程、隐蔽工程验收流程、工程变更处理流程、信息资料管理流程等。

12. **【答案】** C

【解析】 监理工作措施中的组织措施是根据工程特点，对项目监理人员进行合理地职能分配、组织结构、任务分工等。

考点 3 监理实施细则报审

13. **【答案】** A

【解析】 监理实施细则由专业监理工程师编制完成后，报总监理工程师批准后方能实施。

14. **【答案】**CDE

【解析】项目监理人员的审核：①组织方面：组织方式、管理模式是否合理，是否结合了专业工程的具体特点，是否便于监理工作的实施，制度、流程上是否能保证监理工作，是否与建设单位和施工单位相协调等。②人员配备方面：人员配备的专业满足程度、数量等是否满足监理工作的需要，专业人员不足时采取的措施是否恰当，是否有操作性较强的现场人员计划安排表等。

第八章　建设工程监理工作内容和主要方式

第一节　建设工程监理工作内容

➢ 重难点：

1. 建设工程三大目标的确定与分解、目标控制的任务和措施。
2. 合同管理（工程暂停、复工、变更及索赔处理）。
3. 项目监理机构组织协调（系统内部协调和系统外部协调、协调方法）。
4. 安全生产管理（专项施工方案的审查和监督实施、安全事故隐患的处理）。

考点 1　目标控制

1. 【单选】下列建设工程质量、造价、进度三大目标之间相互关系中，属于对立关系的是（　　）。

   A. 通过加快建设进度，尽早发挥投资效益

   B. 通过增加赶工措施费，加快工程建设进度

   C. 通过提高功能要求，大幅度提高投资效益

   D. 通过控制工程质量，减少返工费用

2. 【单选】在分析论证建设工程总目标，追求建设工程质量、造价和进度三大目标间最佳匹配关系时，应确保（　　）。

   A. 施工工艺工序按专项施工方案进行

   B. 质量目标符合工程建设强制性标准

   C. 采用定性分析与定量分析相结合的方法综合论证

   D. 安全技术措施或专项施工方案符合法律法规及有关工程建设标准

3. 【单选】下列关于建设工程质量、造价、进度三大目标的说法，正确的是（　　）。

   A. 建设工程三大目标应以施工技术要求为重点进行论证

   B. 分析论证建设工程三大目标通常采用定性分析方法

   C. 不同工程的质量、造价、进度三大目标的优先等级应相同

   D. 建设工程三大目标应在“质量优、投资少、工期短”之间寻求最佳匹配

4. 【单选】下列建设工程目标动态控制工作中，属于 PDCA 中检查工作的是（　　）。
A. 编制工程项目计划
B. 实施工程项目计划
C. 收集工程项目实施绩效
D. 采取偏差纠正措施

5. 【单选】下列工作内容中，属于事前控制工作的是（　　）。
A. 实施过程中的动态检查
B. 分析可能产生的偏差
C. 建立工程目标体系
D. 分析偏差产生的原因

6. 【单选】下列工程进度控制任务中，属于项目监理机构在施工阶段控制进度的任务是（　　）。
A. 编制工程建设总进度计划
B. 依据进度控制纲要确定合同工期
C. 进行工程项目建设目标论证
D. 审查施工单位提交的进度计划

7. 【多选】项目监理机构施工进度控制的主要工作任务有（　　）。
A. 完善建设工程控制性进度计划
B. 审查施工单位提交的进度计划
C. 编制材料和设备供应进度计划
D. 组织进度协调会议
E. 研究制定预防工期索赔的措施

8. 【单选】项目监理机构处理工程索赔事宜是建设工程目标控制的重要（　　）措施。
A. 技术　　B. 合同
C. 经济　　D. 组织

9. 【多选】下列目标控制的措施中，属于经济措施的有（　　）。
A. 建立动态控制过程中的激励机制
B. 审核工程量及工程结算报告
C. 对工程变更方案进行技术经济分析
D. 选择合理的承发包模式和合同计价方法
E. 进行投资偏差分析和未完工程投资预测

10. 【单选】为了有效控制建设工程项目目标，项目监理机构可采取的技术措施是（　　）。
A. 审查施工方案　　B. 编制资金使用计划
C. 明确人员职责分工　　D. 预测未完工程投资

11. 【单选】建设工程质量、造价、进度三大目标控制措施中，属于组织措施的是（　　）。
A. 改善建设工程目标控制的工作流程
B. 审查论证施工方案中的工艺流程

C. 通过计算实际工程量进行造价偏差分析

D. 协助业主确定工程发承包模式

12. **【多选】**项目监理机构在施工阶段进行造价控制的工作任务有（　　）。

A. 协助建设单位编制资金使用计划

B. 进行工程计量和付款控制

C. 确定预防费用索赔的措施

D. 协助编制最高投标限价

E. 按时返还质量保证金

13. **【单选】**下列关于分析论证建设工程总目标的说法，正确的是（　　）。

A. 不同建设工程的质量、造价、进度三大目标应具有相同的优先等级

B. 应确保建设工程质量目标达到工程建设最高质量标准要求

C. 应采用定量分析方法分别论证工程质量、造价、进度三大目标的最优值

D. 应根据建设工程投资方和利益相关者的需求，结合工程本身环境特点进行综合论证

14. **【单选】**下列关于建设工程质量、造价、进度三大目标的说法，正确的是（　　）。

A. 工程项目质量、造价、进度目标应以定性分析为主，定量分析为辅

B. 建设工程三大目标中，应确保工程质量目标符合工程建设强制性标准

C. 分析论证建设工程三大目标的匹配性时应以同等权重对待

D. 建设工程三大目标的实现是指实现工程项目“质量优、投资省”的目标

15. **【多选】**下列工作内容中，属于建设工程目标动态控制过程的有（　　）。

A. 组织　　　　B. 计划

C. 执行　　　　D. 检查

E. 协调

16. **【多选】**项目监理机构在建设工程施工阶段进行质量控制的任务有（　　）。

A. 做好施工现场准备工作

B. 检查施工机械和机具质量

C. 处置工程质量缺陷

D. 控制施工工艺过程质量

E. 处理工程质量事故

17. **【多选】**项目监理机构在施工阶段控制进度的任务有（　　）。

A. 完善建设工程控制性进度计划

B. 审查施工单位专项施工方案

C. 审查施工单位工程变更申请

D. 制定预防工期索赔措施

E. 组织召开进度协调会

18. **【多选】**项目监理机构控制建设工程施工质量的任务有（　　）。

A. 检查施工单位现场质量管理体系

B. 处理工程质量事故

C. 控制施工工艺过程质量

D. 处置工程质量问题和质量缺陷

E. 组织单位工程质量验收

19. 【多选】施工阶段建设工程造价控制的主要任务是通过（　　）来努力实现实际发生的费用不超过计划投资。

A. 控制工程付款

B. 协调各有关单位关系

C. 控制工程变更费用

D. 预防及处理费用索赔

E. 挖掘节约工程造价潜力

20. 【多选】下列工作属于监理工程师在施工阶段控制进度的任务有（　　）。

A. 对建设工程进度分目标进行论证

B. 完善建设工程控制性施工进度计划

C. 编制承包方材料和设备采购计划

D. 研究制定预防工期索赔的措施

E. 协助建设单位编制和实施由其负责供应的设备供应进度计划

21. 【多选】下列目标控制措施中，属于技术措施的有（　　）。

A. 确定目标控制工作流程

B. 审查施工组织设计

C. 采用网络计划技术进行工期优化

D. 审核、比较各种工程数据

E. 确定合理的工程款计价方式

22. 【单选】建设工程监理工作中，动态跟踪项目执行情况并处理好工程索赔事宜，属于目标控制的（　　）措施。

A. 组织　　B. 技术

C. 经济　　D. 合同

23. 【单选】在建设工程目标控制措施中，作为各类措施的前提和保障的是（　　）措施。

A. 组织　　B. 技术

C. 合同　　D. 经济

24. 【单选】下列目标控制措施中，属于合同措施的是（　　）。

A. 调整控制人员的分工

B. 协助业主确定工程发包方式

C. 要求施工单位增加施工机械，并给予合理的补偿

D. 修改技术方案加快进度

25. 【单选】根据工程实际进展安排工程监理人员及时进场或退场的关键是抓好监理人员的（　　）环节。

A. 招聘　　B. 培训

C. 调度　　　　D. 委任

26. 【单选】下列建设工程项目目标控制措施中，属于合同措施的是（　　）。

A. 选择合理的承发包模式和合同计价方式

B. 明确各级目标控制人员的合同管理职责分工

C. 审查施工组织设计和施工方案是否符合合同要求

D. 审核工程计量、工程款支付申请是否符合合同约定

27. 【多选】下列工作中，属于项目监理机构在施工阶段造价控制任务的有（　　）。

A. 确定预防费用索赔的措施

B. 审查施工方案

C. 制定减少工程变更费用增加的措施

D. 确认分包单位资格

E. 编制施工阶段资金使用计划

考点 2 合同管理

28. 【单选】根据《建设工程监理规范》，施工单位未经批准擅自施工的，总监理工程师应（　　）。

A. 及时签发监理通知单

B. 立即报告建设单位

C. 及时签发工程暂停令

D. 立即报告政府主管部门

29. 【单选】工程暂停施工原因消失，具备复工条件时，关于复工审批或指令的说法，正确的是（　　）。

A. 施工单位提出复工申请的，专业监理工程师应签发工程复工令

B. 施工单位提出复工申请的，建设单位应及时签发工程复工令

C. 施工单位未提出复工申请的，总监理工程师可指令施工单位恢复施工

D. 施工单位未提出复工申请的，建设单位应及时指令施工单位恢复施工

30. 【单选】根据《建设工程监理规范》，总监理工程师应及时签发工程暂停令的情形是（　　）。

A. 施工单位采用的施工工艺不当造成工程质量问题的

B. 施工单位未按审查通过的工程设计文件施工

C. 施工单位施工中存在安全事故隐患

D. 施工单位未按施工方案施工大幅增加工程费用

31. 【单选】根据《建设工程监理规范》，因施工单位原因造成建设单位损失，建设单位提出（　　）时，项目监理机构应与建设单位和施工单位协商处理。

A. 工程延期　　　　B. 费用索赔

C. 合同解除　　　　D. 工程变更

32. 【多选】根据《建设工程监理规范》，项目监理机构处理施工单位费用索赔的主要依据

有（　　）。

A. 勘察设计文件　　B. 施工合同文件

C. 监理合同文件　　D. 监理规划

E. 索赔事件的证据

33. 【多选】根据《建设工程监理规范》，总监理工程师应及时签发工程暂停令的情形有（　　）。

A. 施工单位未按施工组织设计施工的

B. 施工单位违反工程建设强制性标准的

C. 施工单位要求暂停施工的

D. 施工单位对进场材料未及时报验的

E. 工程施工存在重大质量事故隐患的

34. 【单选】项目监理机构应签发工程暂停令的情形是（　　）。

A. 施工单位未按审查通过的工程设计文件施工

B. 施工单位未按审查通过的施工组织设计组织施工

C. 施工过程中存在工程质量事故隐患

D. 施工过程中出现不符合合同约定的行为

35. 【单选】对于施工单位提出涉及工程设计文件修改的工程变更，必要时应召开工程设计文件修改方案的专题论证会议，该会议的正确组织方式是（　　）。

A. 由设计单位组织，建设、施工和监理单位参加

B. 由建设单位组织，设计、施工和监理单位参加

C. 由施工单位组织，建设、设计和监理单位参加

D. 由监理单位组织，建设、设计和施工单位参加

36. 【多选】根据《建设工程监理规范》，总监理工程师应及时签发工程暂停令的情形有（　　）。

A. 建设单位未按合同约定支付施工单位工程款的

B. 建设单位要求暂停施工且工程需要暂停施工的

C. 施工单位拒绝项目监理机构管理的

D. 施工单位未按审查通过的工程设计文件施工的

E. 施工单位未按施工方案施工的

考点 3　信息管理

37. 【多选】下列关于建设工程信息管理的说法，正确的有（　　）。

A. 工程监理人员对于数据和信息的加工要从鉴别开始

B. 信息检索需要建立在一定的分级管理制度上

C. 工程参建各方应分别确定各自的数据存储与编码体系

D. 尽可能以网络数据库形式存储数据，以实现数据共享

E. 需要信息的部门和人员有权在第一时间得到所需要的信息

38. **【多选】**为了进行科学的信息加工和整理，工程监理人员需要结合工程监理与相关服务工作绘制的流程图有（　　）。

A. 业务流程图

B. 组织流程图

C. 资源流程图

D. 工艺流程图

E. 数据流程图

考点 4 组织协调

39. **【单选】**下列工作内容中，属于项目监理机构与施工单位的协调工作内容的是（　　）。

A. 明确规定每个部门的目标、职责和权限

B. 注意信息传递的及时性和程序性

C. 及时消除工作中的矛盾或冲突

D. 对分包单位的管理

40. **【单选】**工程施工合同出现矛盾或歧义时，监理工程师应首先采用（　　）方式协调建设单位与施工单位的关系。

A. 申请调解　　B. 仲裁

C. 协商解决　　D. 诉讼

41. **【多选】**项目监理机构实施组织协调的常用方法有（　　）。

A. 会议协调法　　B. 行政协调法

C. 交谈协调法　　D. 指令协调法

E. 书面协调法

42. **【单选】**下列关于项目监理机构和施工单位协调的说法，正确的是（　　）。

A. 总监理工程师可以提出或接受任何变通办法以解决问题

B. 总监理工师应设计合理的奖罚机制协调进度和质量问题

C. 施工单位采用不当方法施工时，监理工程师应立即签发停工令

D. 分包合同履行中发生的索赔，应由分包单位根据总承包合同进行索赔

43. **【单选】**下列监理工作制度中，属于组织协调制度的是（　　）。

A. 原材料及构配件检测制度

B. 工程款支付审核制度

C. 监理人员教育培训制度

D. 监理工作会议制度

44. **【多选】**根据《建设工程监理规范》，总监理工程师在第一次工地会议上应介绍的内容有（　　）。

A. 附加监理工作内容　　B. 监理工作目标

C. 监理人员职责分工　　D. 监理工作程序

E. 监理工作制度

45. **【多选】**项目监理机构对监理单位内部检测设备需求进行协调平衡时应该注意的内容有（　　）。

A. 规格的明确性　　B. 数量的准确性

C. 质量的规定性　　D. 期限的及时性

E. 使用的规范性

46. **【单选】**项目监理机构的内部协调不包括（　　）。

A. 建立信息沟通制度

B. 与政府建设行政主管机构的协调

C. 及时交流信息、处理矛盾，建立良好的人际关系

D. 明确监理人员分工及各自的岗位职责

47. **【多选】**项目监理机构内部组织关系的协调包括（　　）。

A. 在目标分解的基础上设置组织机构

B. 明确规定每个部门的目标、职责和权限

C. 事先约定各个部门在工作中的相互关系

D. 实事求是地进行成绩评价

E. 建立信息沟通制度

48. **【单选】**下列监理组织协调方式中，属于“交谈协调”的是（　　）。

A. 监理通知单　　B. 专题会议

C. 工作联系单　　D. 微信

49. **【单选】**下列关于第一次工地会议的说法，正确的是（　　）。

A. 第一次工地会议应由总监理工程师组织召开

B. 第一次工地会议的会议纪要由建设单位负责整理

C. 第一次工地会议应在总监理工程师下达开工令后召开

D. 第一次工地会议中总监理工程师应介绍监理规划等相关内容

50. **【单选】**项目监理机构协助建设单位进行组织协调时，属于建设单位系统外部协调中远外层协调关系的是（　　）。

A. 材料设备供应单位　　B. 设计单位

C. 施工分包单位　　D. 施工总承包单位

考点 5　安全生产管理

51. **【单选】**施工单位承租的机械设备和施工机具及配件使用前，应由施工总承包单位、分包单位、出租单位和（　　）共同进行验收。

A. 建设单位　　B. 监理单位

C. 安装单位　　D. 检测单位

52. **【单选】**项目监理机构履行建设工程安全生产管理的监理职责时进行的工作是（　　）。

A. 组织施工总承包单位和分包单位验收施工起重机械

B. 编制安全生产管理的专项监理规划和监理实施细则

C. 核查相关施工机械和设施的安全许可验收手续

D. 组织编制危险性较大的分部分项工程专项施工方案

53. **【单选】**根据《建设工程监理规范》，项目监理机构应审查施工单位报审的专项施工方案，符合要求的，应由总监理工程师签认后报（　　）。

A. 政府主管部门　　B. 建设单位

C. 安全生产监督机构　　D. 工程监理单位

54. **【单选】**对于超过一定规模的危险性较大的专项施工方案，应由（　　）组织专家进行论证。

A. 监理单位　　B. 建设单位

C. 设计单位　　D. 施工单位

55. **【单选】**项目监理机构发现工程施工存在安全事故隐患的，应当采取的措施是（　　）。

A. 要求施工单位整改

B. 要求施工单位暂停施工

C. 要求施工单位暂停施工并及时报告建设单位

D. 要求施工单位暂停施工并及时报告主管部门

56. **【单选】**根据《建设工程监理规范》，项目监理机构发现工程施工存在安全事故隐患并通知施工单位停工整改，施工单位拒不整改（或不停止施工）时，项目监理机构应及时进行的工作是（　　）。

A. 签发监理通知单

B. 报告监理单位

C. 报告建设单位

D. 向有关主管部门报送监理报告

57. **【单选】**下列关于项目监理机构对施工单位安全生产管理体系审查的说法，错误的是（　　）。

A. 审查施工单位安全生产许可证的符合性和有效性

B. 专项施工方案应经施工单位技术负责人签字后，才能报送项目监理机构审查

C. 使用承租的机械设备，由施工总承包单位进行验收合格后方可使用

D. 应审查施工单位报审的专项施工方案，符合要求的，应由总监理工程师签认后报建设单位

58. **【单选】**根据《建设工程监理规范》，总监理工程师应向政府主管部门报告的情形是（　　）。

A. 施工不符合工程建设标准

B. 存在安全事故隐患，施工单位拒不按项目监理机构要求整改

C. 工程实际进度严重滞后于计划进度且影响合同工期

D. 施工单位未按专项施工方案施工

第二节　建设工程监理主要方式

➢ **重难点：**

1. 巡视、平行检验、旁站的作用、工作内容和工作职责。
2. 见证取样的通常要求和程序，见证监理人员的工作内容和职责。

考点 1　巡视

1. **【多选】**下列关于项目监理机构巡视的说法，正确的有（　　）。
   A. 总监理工程师应根据施工组织设计对监理人员进行巡视交底
   B. 总监理工程师进行巡视交底时应明确巡视检查要点、巡视频率
   C. 总监理工程师进行巡视交底时应对采用的巡视检查记录表提出明确要求
   D. 总监理工程师应检查监理人员的巡视工作成果
   E. 监理人员的巡视检查应主要关注施工质量和安全生产
2. **【单选】**工程监理人员在施工现场巡视时，应主要关注（　　）。
   A. 施工人员履职情况　　B. 施工质量和施工进度
   C. 施工进度和安全生产　　D. 施工质量和安全生产
3. **【多选】**根据《建设工程监理规范》，项目监理机构在施工现场的巡视工作内容包括（　　）。
   A. 施工现场的作业情况　　B. 特种作业人员是否持证上岗
   C. 质量和安全管理人员是否在岗　　D. 关键工序平行检验情况
   E. 已完专业工程验收情况
4. **【单选】**下列关于监理工作中巡视的说法，正确的是（　　）。
   A. 巡视检查记录是分部工程验收的主要依据之一
   B. 在监理实施细则中应明确巡视要点、巡视频率和措施
   C. 巡视是监理人员针对现场施工进度情况进行的检查工作
   D. 监理人员在巡视检查时应重点关注工程材料用量是否合理
5. **【多选】**项目监理机构应在监理规划的相关章节中编制体现巡视工作的方案、计划、制度等相关内容，以及在监理实施细则中明确（　　），并明确巡视检查记录表。
   A. 计划　　B. 制度
   C. 巡视措施　　D. 巡视要点
   E. 巡视频率
6. **【单选】**（　　）应根据经审核批准的监理规划和监理实施细则对现场监理人员进行交底，明确巡视检查要点、巡视频率和措施，以及采用的巡视检查记录表。
   A. 总监理工程师

B. 专业监理工程师

C. 总监理工程师代表

D. 监理单位技术负责人

7. 【单选】项目监理机构对项目监理人员进行巡视交底的依据是（　　）。

A. 经审核批准的监理规划和监理实施细则

B. 经图纸会审和设计交底的设计文件

C. 经审核签认的施工组织设计和专项施工方案

D. 经审核批准的监理实施细则和专项施工方案

考点 2 平行检验

8. 【单选】根据《建设工程监理规范》，项目监理机构在施工单位自检的同时，按有关规定、建设工程监理合同约定对同一检验项目进行的检测试验活动称为（　　）。

A. 见证检验　　B. 跟踪检验

C. 平行检验　　D. 重新检验

9. 【单选】下列关于平行检验的说法，正确的是（　　）。

A. 单位工程的验收结论由建设单位填写

B. 施工现场质量管理检查记录的检查评定结果由监理单位填写

C. 负责平行检验的监理人员应对工程的关键部位和关键工序进行平行检验

D. 平行检验方应明确平行检验的方法、范围、内容、程序和人员职责

10. 【单选】下列关于监理工作中平行检验的说法，正确的是（　　）。

A. 平行检验是项目监理机构对施工单位的自检结果有疑问时进行的复检工作

B. 平行检验是依据监理合同对施工进度和分部工程质量进行的检查工作

C. 平行检验是项目监理机构在施工阶段控制工程质量、造价、进度的重要措施

D. 平行检验的结果是工作质量预验收和工程竣工验收的重要依据之一

11. 【单选】下列关于监理工程师平行检验的说法，正确的是（　　）。

A. 平行检验是项目监理机构控制施工质量的工作方式之一

B. 平行检验是对工程实体的量测检验

C. 平行检验人员应根据施工单位自检情况填写检验结论

D. 平行检验是指项目监理机构对施工单位自检结论的核验

考点 3 旁站

12. 【单选】根据《建设工程监理规范》，旁站是指项目监理机构对施工现场（　　）进行的监督活动。

A. 危险性较大的分部工程施工质量

B. 危险性较大的分部工程施工安全

C. 关键部位或关键工序施工质量

D. 关键部位或关键工序施工安全

13. **【单选】**下列关于旁站的说法，错误的是（　　）。

A. 旁站记录是监理工程师依法行使有关签字权的重要依据

B. 旁站是建设工程监理工作中用以监督工程目标实现的重要手段

C. 旁站应在总监理工程师的指导下由现场监理人员负责具体实施

D. 工程竣工验收后，工程监理单位应当将旁站记录存档备查

14. **【多选】**下列关于旁站的说法，正确的有（　　）。

A. 旁站是监理工作中用以监督工程质量和安全的有效手段

B. 项目监理机构在编制监理规划时，应制定旁站方案

C. 旁站应在总监理工程师指导下，由现场监理人员负责具体实施

D. 旁站前，项目监理机构旁站人员应对施工人员进行技术交底

E. 工程竣工验收后，项目监理机构应将旁站记录存档备查

15. **【单选】**监理人员实施旁站时，发现施工活动危及工程质量的，应当采取的措施是（　　）。

A. 责令施工单位立即整改

B. 及时向总监理工程师报告

C. 责令暂停施工

D. 召开紧急会议

16. **【单选】**在旁站实施前，（　　）应根据旁站方案和相关的施工验收规范，对旁站人员进行技术交底。

A. 总监理工程师　　B. 专业监理工程师

C. 总监理工程师代表　　D. 项目监理机构

考点 4　见证取样

17. **【单选】**下列关于见证取样的说法，正确的是（　　）。

A. 见证取样涉及的主要参与方有材料供应方、使用方、检测方和见证方

B. 施工企业内部试验室应逐步转为外控机构，承担见证取样的职责

C. 见证人员应通过检测单位的考核和授权取得“见证员证书”

D. 涉及结构安全的试件，项目监理机构应见证其现场取样、封样、送检工作

18. **【单选】**下列关于见证取样的说法，正确的是（　　）。

A. 项目监理机构应制定见证取样送检工作制度

B. 计量认证分为国家级、省级和市级，实施的效力均完全一致

C. 见证取样涉及建设方、施工方、监理方和检测方四方行为主体

D. 检测单位应见证施工单位和项目监理机构的现场试样抽取

19. **【多选】**见证取样的检验报告应满足的基本要求有（　　）。

A. 试验报告应手工书写　　B. 试验报告采用统一用表

C. 试验报告签名一定要手签　　D. 注明取样人的姓名

E. 应有“见证检验专用章”

20. 【单选】见证取样在建设单位人员见证下，由（　　）在现场取样，送至试验室进行检测。

A. 见证人员　　B. 施工单位人员

C. 监理单位人员　　D. 监理工程师

21. 【单选】监理人员在见证取样前，工程监理单位应向施工单位、工程受监的质监站和工程检测单位递交（　　）。

A. 见证单位和见证人员授权书　　B. 取样工作程序

C. 见证内容和见证人员的职责　　D. 取样送检范围

22. 【多选】项目监理机构编制的见证取样实施细则应包括的内容有（　　）。

A. 见证取样方法　　B. 见证取样范围

C. 见证人员职责　　D. 见证工作程序

E. 见证试验方法

23. 【多选】见证取样涉及的单位有（　　）。

A. 质量监督部门　　B. 施工单位

C. 设计单位　　D. 监理单位

E. 检验机构

24. 【单选】下列关于见证取样的说法，错误的是（　　）。

A. 见证取样涉及的三方是指施工方、见证方和试验方

B. 计量认证分为国家级、省级和县级三个等级

C. 检测单位接受检验任务时须有送检单位的检验委托单

D. 检测单位应在检验报告上加盖“见证检验专用章”

25. 【单选】根据《建设工程监理规范》，见证取样是指项目监理机构对施工单位进行的涉及结构安全的试块、试件及工程材料（　　）工作的监督活动。

A. 现场取样、试验　　B. 现场取样、封样、送检

C. 现场取样、封样　　D. 现场取样、送样试验

第三节　建设工程监理信息化

> **重难点：**
>
> 1. 工程监理信息系统的基本功能。
> 2. BIM 技术特点和应用范围。

考点 1　工程监理信息系统

1. 【多选】建设工程信息管理系统的功能有（　　）。

A. 实现监理信息的及时收集和可靠存储

B. 实现监理信息收集的标准化、结构化

C. 提供预测、决策所需要的信息及分析模型

D. 提供建设工程目标动态控制的分析报告

E. 提供解决建设工程监理问题的多个备选方案

2. **【多选】**建设工程信息管理系统可以为项目监理机构提供的支持是（　　）。

A. 标准化、结构化的数据

B. 预测、决策所需的信息及分析模型

C. 工程目标动态控制的分析报告

D. 工程变更的优化设计方案

E. 解决工程监理问题的备选方案

考点 2　建筑信息建模（BIM）技术

3. **【多选】**建筑信息建模（BIM）技术的基本特点有（　　）。

A. 协调性　　B. 模拟性

C. 经济性　　D. 优化性

E. 可出图性

4. **【单选】**应用建筑信息建模（BIM）技术模拟工程实际施工时，应建立（　　）模型。

A. BIM 3D　　B. BIM 4D

C. BIM 5D　　D. BIM 6D

5. **【单选】**应用建筑信息建模（BIM）技术进行工程造价控制时，需要建立（　　）模型。

A. BIM 6D　　B. BIM 5D

C. BIM 4D　　D. BIM 3D

6. **【多选】**建设工程实施过程中采用 BIM 技术的目标有（　　）。

A. 实现建设工程可视化展示

B. 提升建设工程项目管理质量

C. 加强建设工程安全生产管理

D. 控制建设工程造价

E. 缩短建设工程施工周期

7. **【多选】**工程监理单位运用 BIM 技术的范围包括（　　）。

A. 可视化模型建立　　B. 电子化投标

C. 管线综合　　D. 4D 虚拟施工

E. 成本核算

8. **【单选】**应用 BIM 技术事先对工程运营阶段火灾发生时人员疏散等紧急情况进行仿真分析，体现了 BIM 技术的（　　）特点。

A. 可视化　　B. 协调性

C. 优化性　　D. 模拟性

参考答案及解析

第八章　建设工程监理工作内容和主要方式

第一节　建设工程监理工作内容

考点 1　目标控制

1.【答案】B

【解析】在通常情况下，如果对工程质量有较高的要求，就需要投入较多的资金和花费较长的建设时间；如果要抢时间、争进度，以极短的时间完成建设工程，势必会增加投资或者使工程质量下降；如果要减少投资、节约费用，势必会考虑降低工程项目的功能要求和质量标准。这些表明，建设工程三大目标之间存在着矛盾和对立的一面。

2.【答案】B

【解析】工程建设强制性标准是有关人民生命财产安全、人体健康、环境保护和公众利益的技术要求，在追求建设工程质量、造价和进度三大目标间最佳匹配关系时，应确保建设工程质量目标符合工程建设强制性标准。

3.【答案】D

【解析】选项A错误，确定建设工程总目标，需要根据建设工程投资方和利益相关者的需求，并结合建设工程本身及所处环境特点进行综合论证。选项B错误，在建设工程目标系统中，质量目标通常采用定性分析方法，而造价、进度目标可采用定量分析方法。选项C错误，不同建设工程三大目标可具有不同的优先等级。

4.【答案】C

【解析】选项A属于计划工作；选项B属于执行工作；选项C属于检查工作；选项D属于纠偏工作。

5.【答案】C

【解析】选项A、B属于事中控制；选项D属于事后控制。

6.【答案】D

【解析】项目监理机构在建设工程施工阶段进度控制的主要任务是通过完善建设工程控制性进度计划、审查施工单位提交的进度计划、做好施工进度动态控制工作、协调各相关单位之间的关系、预防并处理好工期索赔，力求实际施工进度满足计划施工进度的要求。

7.【答案】ABDE

【解析】为完成施工阶段进度控制任务，项目监理机构需要做好以下工作：①完善建设工程控制性进度计划；②审查施工单位提交的施工进度计划；③协助建设单位编制和实施由建设单位负责供应的材料和设备供应进度计划；④组织进度协调会议，协调有关各方关系；⑤跟踪检查实际施工进度；⑥研究制定预防工期索赔的措施，做好工程延期审批工作等。

8.【答案】B

【解析】通过选择合理的承发包模式和合同计价方式，选定满意的施工单位及材料设备供应单位，拟订完善的合同条款，并动态跟踪合同执行情况及处理好工程索赔等，是控制建设工程目标的重要合同措施。

9.【答案】BCE

【解析】无论是对建设工程造价目标实施控制，还是对建设工程质量、进度目标实施控制，都离不开经济措施。经济措施不仅仅是审核工程量、工程款支付申请及工程结算报告，还需要编制和实施资金使用计划，对工程变更方案进行技术经济分析等。而且通过投资偏差分析和未完工程投资预测，可发现一些可能引起未完工程投资增加的潜在问题，从而便于以主动控制为出发点，采取有效措施加以预防。

10.【答案】A

【解析】为了对建设工程目标实施有效控制，需要对多个可能的建设方案、施工方案等进行技术可行性分析。为此，需要对各种技术数据进行审核、比较，需要对施工组织设计、施工方案等进行审查、论证等。此外，在整个建设工程实施过程中，还需要采用工程网络计划技术、信息化技术等实施动态控制。选项B、D属于经济措施，选项C属于组织措施。

11.【答案】A

【解析】为了有效地控制建设工程项目目标，应从组织、技术、经济、合同等多方面采取措施。其中，组织措施是其他各类措施的前提和保障，包括：①建立健全实施动态控制的组织机构、规章制度和人员，明确各级目标控制人员的任务和职责分工，改善建设工程目标控制的工作流程；②建立建设工程目标控制工作考评机制，加强各单位（部门）之间的沟通协作；③加强动态控制过程中的激励措施，调动和发挥员工实现建设工程目标的积极性和创造性等。

12.【答案】ABC

【解析】项目监理机构在建设工程施工阶段进行造价控制的主要工作任务是通过工程计量、工程付款控制、工程变更费用控制、预防并处理好费用索赔、挖掘降低工程造价潜力等使工程实际费用支出不超过计划投资。为完成施工阶段造价控制任务，项目监理机构还需要协助建设单位制定施工阶段资金使用计划。

13.【答案】D

【解析】建设工程总目标是建设工程目标控制的基本前提，也是建设工程监理成功与否的重要判据。确定建设工程总目标，需要根据建设工程投资方及利益相关者需求，并结合建设工程本身及所处环境特点进行综合论证。分析论证建设工程总目标，应遵循下列基本原则：①确保建设工程质量目标符合工程建设强制性标准；②定性分析与定量分析相结合；③不同建设工程三大目标可具有不同的优先等级。建设工程三大目标之间密切联系、相互制约，需要应用多目标决策、多级梯阶、动态规划等理论统筹考虑、分析论证，努力在“质量优、投资省、工期短”之间寻求最佳匹配。

14.【答案】B

【解析】分析论证建设工程总目标，应遵循下列基本原则：①确保建设工程质量目标符合工程建设强制性标准；②定性分析与定量分析相结合；③不同建设工程三大目标可具有不同的优先等级。建设工程三大目标之间密切联系、相互制约，需要应用多目标决策、多级梯阶、动态规划等理论统筹考虑、分析论证，努力在“质量优、投资省、工期短”之间寻求最佳匹配。

15.【答案】BCD

【解析】建设工程目标体系构建后，建设工程监理工作的关键在于动态控制，即PDCA（计划；执行；检查；纠偏）。为此，需要在建设工程实施过程中监测实施绩效，并将实施绩效与计划目标进行比较，采取有效措施纠正实施绩效与计划目标之间的偏差，力求使建设工程实现预定目标。

16.【答案】BCD

【解析】为完成施工阶段质量控制任务，项目监理机构需要做好以下工作：①协助建设单位做好施工现场准备工作，为施工单位提交合格的施工现场；②审查确认施工总包单位及分包单位资格；③检查工程材料、构配件、设备质量；④检查施工机械和机具质量；⑤审查施工组织设计和施工方案；⑥检查施工单位的现场质量管理体系和管理环境；⑦控制施工工艺过程质量；⑧验收分部分项工程和隐蔽工程；⑨处置工程质量问题、质量缺陷；⑩协助处理工程质量事故；⑪审核工程竣工图，组织工程预验收；⑫参加工程竣工验收等。

17.【答案】ADE

【解析】为完成施工阶段进度控制任务，项目监理机构需要做好以下工作：①完善建设工程控制性进度计划；②审查施工单位提交的施工进度计划；③协助建设单位编制和实施由建设单位负责供应的材料和设备供应进度计划；④组织进度协调会议，协调有关各方关系；⑤跟踪检查实际施工进度；⑥研究制定预防工期索赔的措施，做好工程延期审批工作等。

18.【答案】ACD

【解析】为完成施工阶段质量控制任务，项目监理机构需要做好以下工作：①协助建设单位做好施工现场准备工作，为施工单位提交合格的施工现场；②审查确认施工总包单位及分包单位资格；③检查工程材料、构配件、设备质量；④检查施工机械和机具质量；⑤审查施工组织设计和施工方案；⑥检查施工单位的现场质量管理体系和管理环境；⑦控制施工工艺过程质量；⑧验收分部分项工程和隐蔽工程；⑨处置工程质量问题、质量缺陷；⑩协助处理工程质量事故；⑪审核工程竣工图，组织工程预验收；⑫参加工程竣工验收等。

19.【答案】ACDE

【解析】项目监理机构在建设工程施工阶段造价控制的主要任务是通过工程计量、工程付款控制、工程变更费用控制、预防并处理好费用索赔、挖掘降低工程造价潜力等使工程实际费用支出不超过计划投资。

20. 【答案】BDE

【解析】为完成施工阶段进度控制任务，项目监理机构需要做好以下工作：①完善建设工程控制性进度计划；②审查施工单位提交的施工进度计划；③协助建设单位编制和实施由建设单位负责供应的材料和设备供应进度计划；④组织进度协调会议，协调有关各方关系；⑤跟踪检查实际施工进度；⑥研究制定预防工期索赔的措施，做好工程延期审批工作等。

21. 【答案】BCD

【解析】为了有效地控制建设工程项目目标，应从组织、技术、经济、合同等多方面采取措施。其中，技术措施包括对各种技术数据进行审核、比较，需要对施工组织设计、施工方案等进行审查、论证等。在整个建设工程实施过程中，还需要采用工程网络计划技术、信息化技术等实施动态控制。

22. 【答案】D

【解析】加强合同措施是控制建设工程目标的重要措施。建设工程总目标及分目标将反映在建设单位与工程参建主体所签订的合同之中。由此可见，通过选择合理的承发包模式和合同计价方式，选定满意的施工单位及材料设备供应单位，拟订完善的合同条款，并动态跟踪合同执行情况及处理好工程索赔等，是控制建设工程目标的重要合同措施。

23. 【答案】A

【解析】组织措施是其他各类措施的前提和保障，包括：建立健全实施动态控制的组织机构、规章制度和人员，明确各级目标控制人员的任务和职责分工，改善建设工程目标控制的工作流程；建立建设工程目标控制工作考评机制，加强各单位（部门）之间的沟通协作；加强动态控制过程中的激励措施，调动和发挥员工实现建设工程目标的积极性和创造性等。

24. 【答案】B

【解析】加强合同措施是控制建设工程目标的重要措施。建设工程总目标及分目标将反映在建设单位与工程参建主体所签订的合同之中。由此可见，通过选择合理的承发包模式和合同计价方式，选定满意的施工单位及材料设备供应单位，拟订完善的合同条款，并动态跟踪合同执行情况及处理好工程索赔等，是控制建设工程目标的重要合同措施。

25. 【答案】C

【解析】要抓住调度环节，注意各专业监理工程师的配合。工程监理人员的安排必须考虑到工程进展情况，根据工程实际进展安排工程监理人员进退场计划，以保证建设工程监理目标的实现。

26. 【答案】A

【解析】加强合同管理是控制建设工程目标的重要措施。建设工程总目标及分目标将反映在建设单位与工程参建主体所签订的合同之中。由此可见，通过选择合理的承发包模式和合同计价方式，选定满意的施工单位及材料设备供应单位，拟订完善的合同条款，并动态跟踪合同执行情况及处理好工程索赔等，是控制建设工程目标的重要合同措施。选项B属于组织措施，选项C属于技术措施，选项D属于经济措施。

27. 【答案】AC

【解析】为完成施工阶段造价控制任务，项目监理机构需要做好以下工作：协助建设单位制定施工阶段资金使用计划，严格进行工程计量和付款控制，做到不多付、不少付、不重复付；严格控制工程变更，力求减少工程变更费用；研究确定预防费用索赔的措施，以避免、减少施工索赔；及时处理施工索赔，并协助建设单位进行反索赔；协助建设单位按期提交合格施工现场，保质、保量、适时、适地提供由建设单位负责提供的工程材料和设备；审核施工单位提交的工程结算文件等。

考点 2 合同管理

28. 【答案】C

【解析】项目监理机构发现下列情况之一时，总监理工程师应及时签发工程暂停令：①建设单位要求暂停施工且工程需要暂停施工的；②施工单位未经批准擅自施工或拒绝项目监理机构管理的；③施工单位未按审查通过的工程设计文件施工的；④施工单位违反工程建设强制性标准的；⑤施工存在重大质量、安全事故隐患或发生质量、安全事故的。

29. 【答案】C

【解析】当暂停施工原因消失、具备复工条件时，施工单位提出复工申请的，项目监理机构应审查施工单位报送的工程复工报审表及有关材料，符合要求后，总监理工程师应及时签署审查意见，并应报建设单位批准后签发工程复工令；施工单位未提出复工申请的，总监理工程师应根据工程实际情况指令施工单位恢复施工。

30. 【答案】B

【解析】项目监理机构发现下列情况之一时，总监理工程师应及时签发工程暂停令：①建设单位要求暂停施工且工程需要暂停施工的；②施工单位未经批准擅自施工或拒绝项目监理机构管理的；③施工单位未按审查通过的工程设计文件施工的；④施工单位违反工程建设强制性标准的；⑤施工存在重大质量、安全事故隐患或发生质量、安全事故的。

31. 【答案】B

【解析】因施工单位原因造成建设单位损失，建设单位提出索赔时，项目监理机构应与建设单位和施工单位协商处理。

32. 【答案】ABE

【解析】根据《建设工程监理规范》，项目监理机构应及时收集、整理有关工程费用的原始资料，为处理工程索赔提供证据。项目监理机构处理费用索赔的主要依据包括：①法律法规；②勘察设计文件、施工合同文件；③工程建设标准；④索赔事件的证据。

33. 【答案】BE

【解析】总监理工程师应及时签发工程暂停令的情形有：①建设单位要求暂停施工且工程需要暂停施工的；②施工单位未经批准擅自施工或拒绝项目监理机构管理的；③施工单位未按审查通过的工程设计文件施工的；④施工单位违反工程建设强制性标准的；⑤施工存在重大质量、安全事故隐患或发生质量、安全事故的。

34. **【答案】** A

【解析】 总监理工程师应及时签发工程暂停令的情形有：①建设单位要求暂停施工且工程需要暂停施工的；②施工单位未经批准擅自施工或拒绝项目监理机构管理的；③施工单位未按审查通过的工程设计文件施工的；④施工单位违反工程建设强制性标准的；⑤施工存在重大质量、安全事故隐患或发生质量、安全事故的。

35. **【答案】** B

【解析】 总监理工程师组织专业监理工程师审查施工单位提出的工程变更申请，提出审查意见。对涉及工程设计文件修改的工程变更，应由建设单位转交原设计单位修改工程设计文件。必要时，项目监理机构应建议建设单位组织设计、施工等单位召开论证工程设计文件的修改方案的专题会议。

36. **【答案】** BCD

【解析】 项目监理机构发现下列情况之一时，总监理工程师应及时签发工程暂停令：①建设单位要求暂停施工且工程需要暂停施工的；②施工单位未经批准擅自施工或拒绝项目监理机构管理的；③施工单位未按审查通过的工程设计文件施工的；④施工单位违反工程建设强制性标准的；⑤施工存在重大质量、安全事故隐患或发生质量、安全事故的。

考点 3　信息管理

37. **【答案】** ABDE

【解析】 工程监理人员对于数据和信息的加工要从鉴别开始。信息的分发要根据需要来进行，信息的检索需要建立在一定的分级管理制度上。需要信息的部门和人员有权在需要的第一时间，方便地得到所需要的信息。工程参建各方要协调统一数据存储方式，数据文件名要规范化，要建立统一的编码体系。尽可能以网络数据库形式存储数据，减少数据冗余，保证数据的唯一性，并实现数据共享。

38. **【答案】** AE

【解析】 信息的加工和整理，目的是提供给各类管理人员使用。工程监理人员对于数据和信息的加工要从鉴别开始。科学的信息加工和整理，需要基于业务流程图和数据流程图。

考点 4　组织协调

39. **【答案】** D

【解析】 项目监理机构与施工单位的协调：①与施工项目经理关系的协调；②施工进度和质量问题的协调；③对施工单位违约行为的处理；④施工合同争议的协调；⑤对分包单位的管理。

40. **【答案】** C

【解析】 对于工程施工合同争议，项目监理机构应首先采用协商解决方式，协调建设单位与施工单位的关系。协商不成时，由合同当事人申请调解，甚至申请仲裁或诉讼。

41. 【答案】ACE

【解析】项目监理机构组织协调方法包括会议协调法、交谈协调法和书面协调法。

42. 【答案】B

【解析】选项A错误，监理工程师既要懂得坚持原则，又善于理解施工项目经理的意见，工作方法灵活，能够随时提出或愿意接受变通办法解决问题。选项C错误，当发现施工单位采用不适当的方法进行施工，或采用不符合质量要求的材料时，监理工程师除立即制止外，还需要采取相应的处理措施。选项D错误，分包合同履行中发生的索赔问题，一般应由总承包单位负责，涉及总包合同中建设单位的义务和责任时，由总承包单位通过项目监理机构向建设单位提出索赔，由项目监理机构进行协调。

43. 【答案】D

【解析】项目监理机构采用以下方法进行组织协调：①会议协调，包括第一次工地会议、监理例会、专题会议等；②交谈协调，包括面对面交谈和电话、微信等形式交谈；③书面协调，如书面报告、通知、报表、备忘录等方式。

44. 【答案】BCD

【解析】第一次工地会议是在建设工程尚未全面展开、总监理工程师下达开工令前，建设单位、工程监理单位和施工单位对各自人员及分工、开工准备、监理例会的要求等情况进行沟通和协调的会议，也是检查开工前各项准备工作是否就绪并明确监理程序的会议。在第一次工地会议上，总监理工程师应介绍监理工作的目标、范围和内容，项目监理机构及人员职责分工，监理工作程序、方法和措施等。

45. 【答案】ABCD

【解析】内部需求平衡至关重要，协调平衡需求关系需要从以下环节考虑：①对建设工程监理检测试验设备的平衡。建设工程监理开始实施时，要做好监理规划和监理实施细则的编写工作，合理配置建设工程监理资源。要注意期限的及时性、规格的明确性、数量的准确性、质量的规定性。②对工程监理人员的平衡。要抓住调度环节，注意各专业监理工程师的配合。工程监理人员的安排必须考虑到工程进展情况，根据工程实际进展安排工程监理人员进退场计划，以保证建设工程监理目标的实现。

46. 【答案】B

【解析】项目监理机构组织协调内容可分为系统内部（项目监理机构）协调和系统外部协调两大类。选项B属于系统外部协调。

47. 【答案】ABCE

【解析】应从以下几方面协调项目监理机构内部组织关系：①在目标分解的基础上设置组织机构，设置相应的管理部门；②明确规定每个部门的目标、职责和权限，最好以规章制度形式作出明确规定；③事先约定各个部门在工作中的相互关系；④建立信息沟通制度；⑤及时消除工作中的矛盾或冲突。

48. 【答案】D

【解析】交谈协调法包括面对面交谈和电话、微信等形式交谈。无论是内部协调还是外部协调，交谈协调法的使用频率是相当高的。交谈本身没有合同效力，而且具有方便、

及时等特性。

49.【答案】D

【解析】第一次工地会议是建设工程尚未全面展开、总监理工程师下达开工令前，建设单位、工程监理单位和施工单位对各自人员及分工、开工准备、监理例会的要求等情况进行沟通和协调的会议，也是检查开工前各项准备工作是否就绪并明确监理程序的会议。第一次工地会议应由建设单位主持，监理单位、总承包单位授权代表参加，也可邀请分包单位代表参加，必要时可邀请有关设计单位人员参加。第一次工地会议上，总监理工程师应介绍监理工作的目标、范围和内容、项目监理机构及人员职责分工、监理工作程序、方法和措施等。

50.【答案】C

【解析】从系统工程角度看，项目监理机构组织协调内容分为系统内部（项目监理机构）协调和系统外部协调两大类。系统外部协调又分为系统近外层协调和系统远外层协调。近外层和远外层的主要区别是，建设单位与近外层关联单位之间有合同关系，与远外层关联单位之间没有合同关系。选项A、B、D均与建设单位存在合同关系。

考点5　安全生产管理

51.【答案】C

【解析】施工单位在使用施工起重机械和整体提升脚手架、模板等自升式架设设施前，应当组织有关单位进行验收，也可以委托具有相应资质的检验检测机构进行验收；使用承租的机械设备和施工机具及配件的，由施工总承包单位、分包单位、出租单位和安装单位共同进行验收，验收合格的方可使用。

52.【答案】C

【解析】安全生产管理的监理工作包括：审查施工单位现场安全生产规章制度的建立和实施情况；审查施工单位安全生产许可证及施工单位项目经理、专职安全生产管理人员和特种作业人员的资格；核查施工机械和设施的安全许可验收手续；审查施工单位报审的专项施工方案；处置安全事故隐患等。

53.【答案】B

【解析】项目监理机构应审查施工单位报审的专项施工方案，符合要求的，应由总监理工程师签认后报建设单位。超过一定规模的危险性较大的分部分项工程的专项施工方案，应检查施工单位组织专家进行论证、审查的情况，以及是否附具安全验算结果。

54.【答案】D

【解析】超过一定规模的危险性较大的分部分项工程的专项施工方案，应检查施工单位组织专家进行论证、审查的情况，以及是否附具安全验算结果。

55.【答案】A

【解析】工程监理单位在实施监理过程中，发现存在安全事故隐患的，应当要求施工单位整改；情况严重的，应当要求施工单位暂时停止施工，并及时报告建设单位。施工单位拒不整改或者不停止施工的，工程监理单位应当及时向有关主管部门报告。

56. 【答案】D

【解析】项目监理机构在实施监理过程中，发现工程存在安全事故隐患时，应签发监理通知单，要求施工单位整改；情况严重时，应签发工程暂停令，并应及时报告建设单位，施工单位拒不整改或不停止施工时，项目监理机构应及时向有关主管部门报送监理报告。

57. 【答案】C

【解析】施工单位安全生产管理体系的审查：①审查施工单位的管理制度、人员资格及验收手续。项目监理机构应审查施工单位现场安全生产规章制度的建立和实施情况；审查施工单位安全生产许可证的符合性和有效性；审查施工单位项目经理、专职安全生产管理人员和特种作业人员的资格；核查施工机械和设施的安全许可验收手续。施工单位在使用施工起重机械和整体提升脚手架、模板等自升式架设设施前，应当组织有关单位进行验收，也可以委托具有相应资质的检验检测机构进行验收；使用承租的机械设备和施工机具及配件的，由施工总承包单位、分包单位、出租单位和安装单位共同进行验收，验收合格的方可使用。②审查专项施工方案。项目监理机构应审查施工单位报审的专项施工方案，符合要求的，应由总监理工程师签认后报建设单位。超过一定规模的危险性较大的分部分项工程的专项施工方案，应检查施工单位组织专家进行论证、审查的情况，以及是否附具安全验算结果。审查的基本内容：编审程序应符合相关规定。专项施工方案由施工项目经理组织编制，经施工单位技术负责人签字后，才能报送项目监理机构审查。安全技术措施应符合工程建设强制性标准。

58. 【答案】B

【解析】项目监理机构在实施监理过程中，发现工程存在安全事故隐患时，应签发监理通知单，要求施工单位整改；情况严重时，应签发工程暂停令，并应及时报告建设单位。施工单位拒不整改或不停止施工时，项目监理机构应及时向有关主管部门报送监理报告。

第二节 建设工程监理主要方式

考点 1 巡视

1. 【答案】BCDE

【解析】总监理工程师应根据经审核批准的监理规划和监理实施细则对现场监理人员进行交底，明确巡视检查要点、巡视频率和措施，以及采用的巡视检查记录表；合理安排监理人员进行巡视检查工作；督促监理人员按照监理规划及监理实施细则的要求开展现场巡视检查工作；总监理工程师应检查监理人员巡视的工作成果，与监理人员就当日巡视检查工作进行沟通，对发现的问题及时采取相应处理措施。监理人员在巡视检查时，应主要关注施工质量、安全生产两方面情况。

2. 【答案】D

【解析】监理人员在巡视检查时，应主要关注施工质量、安全生产两方面情况。

3.【答案】ABC

【解析】监理人员在巡视检查时，应主要关注施工质量、安全生产两方面情况。施工质量方面：①天气情况是否适宜施工作业，如不适宜施工作业，是否已采取相应措施；②施工人员作业情况，是否按照工程设计文件、工程建设标准和批准的施工组织设计（专项）施工方案施工；③使用的工程材料、设备和构配件是否已检测合格；④施工单位主要管理人员到岗履职情况，特别是施工质量管理人员是否到位；⑤施工机具、设备的工作状态，周边环境是否有异常情况等。安全生产方面：①施工单位安全生产管理人员到岗履职情况、特种作业人员持证情况；②施工组织设计中的安全技术措施和专项施工方案落实情况；③安全生产、文明施工制度、措施落实情况；④危险性较大分部分项工程施工情况，重点关注是否按方案施工；⑤大型起重机械和自升式架设设施运行情况；⑥施工临时用电情况；⑦其他安全防护措施是否到位，工人违章情况；⑧施工现场存在的事故隐患，以及按照项目监理机构的指令整改实施情况；⑨项目监理机构签发的工程暂停令执行情况等。

4.【答案】B

【解析】选项A错误，监理人员在巡视检查中发现的施工质量、生产安全事故隐患等问题以及采取的相应处理措施、所取得的效果，应及时、准确地记录在巡视检查记录表中。选项B正确，项目监理机构应在监理规划的相关章节中编制体现巡视工作的方案、计划、制度等相关内容，以及在监理实施细则中明确巡视要点、巡视频率和措施，并明确巡视检查记录表。选项C错误，巡视是指项目监理机构监理人员对施工现场进行定期或不定期的检查活动。选项D错误，巡视检查内容以现场施工质量、生产安全事故隐患为主，且不限于工程质量、安全生产方面的内容。

5.【答案】CDE

【解析】项目监理机构应在监理规划的相关章节中编制体现巡视工作的方案、计划、制度等相关内容，以及在监理实施细则中明确巡视要点、巡视频率和措施，并明确巡视检查记录表。

6.【答案】A

【解析】总监理工程师应根据经审核批准的监理规划和监理实施细则对现场监理人员进行交底，明确巡视检查要点、巡视频率和措施以及采用的巡视检查记录表；合理安排监理人员进行巡视检查工作；督促监理人员按照监理规划及监理实施细则的要求开展现场巡视检查工作；总监理工程师应检查监理人员巡视的工作成果，与监理人员就当日巡视检查工作进行沟通，对发现的问题及时采取相应处理措施。

7.【答案】A

【解析】总监理工程师应根据经审核批准的监理规划和监理实施细则对现场监理人员进行交底，明确巡视检查要点、巡视频率和采取的措施，以及采用的巡视检查记录表。

考点 2 平行检验

8.【答案】C

【解析】平行检验是项目监理机构在施工单位自检的同时，按照有关规定、建设工程监理合同约定对同一检验项目进行的检测试验活动。

9.【答案】A

【解析】选项 A 正确、选项 B 错误，施工现场质量管理检查记录、检验批、分项工程、分部（子分部）工程、单位（子单位）工程等的验收记录（检查评定结果）由施工单位填写，验收结论由监理（建设）单位填写。选项 C 错误，负责平行检验的监理人员应根据经评审的平行检验方案，对工程实体、原材料等进行平行检验，平行检验的方法包括量测、检测、试验等。选项 D 错误，项目监理机构首先应依据建设工程监理合同编制符合工程特点的平行检验方案，明确平行检验的方法、范围、内容、频率等，并设计各平行检验记录表式。

10.【答案】D

【解析】选项 A、B 错误，平行检验是项目监理机构在施工单位自检的同时，按照有关规定、建设工程监理合同约定对同一检验项目进行的检测试验活动。选项 C 错误、选项 D 正确，平行检验是项目监理机构在施工阶段控制建设工程质量的重要手段之一，也是工程质量预验收和工程竣工验收的重要依据之一。

11.【答案】A

【解析】平行检验是项目监理机构在施工单位自检的同时，按照有关规定、建设工程监理合同约定对同一检验项目进行的检测试验活动。平行检验的内容包括工程实体量测（检查、试验、检测）和材料检验等内容。监理人员不应只根据施工单位自己的检查、验收情况填写验收结论，而应该在施工单位检查、验收的基础之上进行“平行检验”。同样，对于原材料、设备、构配件以及工程实体质量等，也应在见证取样或施工单位委托检验的基础上进行“平行检验”。

考点 3 旁站

12.【答案】C

【解析】旁站是指项目监理机构对工程的关键部位或关键工序的施工质量进行的监督活动。关键部位、关键工序应根据工程类别、特点及有关规定确定。

13.【答案】B

【解析】选项 B 错误，旁站是建设工程监理工作中用以监督工程质量的一种手段，可以起到及时发现问题、第一时间采取措施、防止偷工减料、确保施工工艺工序按施工方案进行、避免其他干扰正常施工的因素发生等作用。

14.【答案】BCE

【解析】旁站是指项目监理机构对工程的关键部位或关键工序的施工质量进行的监督活动。关键部位、关键工序应根据工程类别、特点及有关规定确定。项目监理机构在编制监理规划时，应制定旁站方案，明确旁站的范围、内容、程序和旁站人员职责等。旁站

应在总监理工程师的指导下，由现场监理人员负责具体实施。在旁站实施前，项目监理机构应根据旁站方案和相关的施工验收规范，对旁站人员进行技术交底。旁站记录是监理工程师或者总监理工程师依法行使有关签字权的重要依据。对于需要旁站的关键部位、关键工序施工，凡没有实施旁站或者没有旁站记录的，专业监理工程师或者总监理工程师不得在相应文件上签字。在工程竣工验收后，工程监理单位应当将旁站记录存档备查。

15. **【答案】**B

【解析】监理人员实施旁站时，发现施工单位有违反工程建设强制性标准行为的，有权责令施工单位立即整改；发现其施工活动已经或者可能危及工程质量的，应当及时向监理工程师或者总监理工程师报告，由总监理工程师下达局部暂停施工指令或者采取其他应急措施。

16. **【答案】**D

【解析】旁站应在总监理工程师的指导下，由现场监理人员负责具体实施。在旁站实施前，项目监理机构应根据旁站方案和相关的施工验收规范，对旁站人员进行技术交底。

考点 4　见证取样

17. **【答案】**D

【解析】选项 A 错误，见证取样涉及三方行为，即施工方、见证方和试验方。选项 B 错误，建筑企业试验室应逐步转为企业内控机构，4 年审查 1 次。选项 C 错误，见证人员必须取得“见证员证书”，且通过建设单位授权，并授权后只能承担所授权工程的见证工作。

18. **【答案】**A

【解析】选项 B 错误，计量认证分为国家级和省级，两者实施的效力均完全一致。选项 C 错误，见证取样涉及施工方、见证方、试验方三方行为主体。选项 D 错误，施工单位取样人员在现场抽取和制作试样时，见证人必须在旁见证，且应对试样进行监护，并和委托送检的送检人员一起采取有效的封样措施或将试样送至检测单位。

19. **【答案】**BCE

【解析】对见证取样的检验报告有 5 点要求：①应打印；②应采用统一用表；③个人签名要手签；④应盖有统一格式的“见证检验专用章”；⑤要注明检验人姓名。

20. **【答案】**B

【解析】施工单位取样人员在现场抽取和制作试样时，见证人必须在旁见证，且应对试样进行监护，并和委托送检人员一起采取有效的封样措施或将试样送至检测单位。

21. **【答案】**A

【解析】建设单位或工程监理单位应向施工单位、工程受监的质监站和工程检测单位递交“见证单位和见证人员授权书”。授权书应写明本工程见证人单位及见证人姓名、证号，见证人不得少于 2 人。

22. **【答案】**ABCD

【解析】总监理工程师应督促专业监理工程师制定见证取样实施细则。见证取样实施细则应包括材料进场报验、见证取样送检的范围、工作程序、见证人员和取样人员的职责、取样方法等内容。

23.【答案】BDE

【解析】见证取样涉及三方行为，即施工方、见证方、试验方。

24.【答案】B

【解析】选项 B 错误，计量认证分为国家级、省级两级，两者实施的效力均完全一致。

25.【答案】B

【解析】见证取样是指项目监理机构对施工单位进行的涉及结构安全的试块、试件及工程材料现场取样、封样、送检工作的监督活动。

第三节　建设工程监理信息化

考点 1　工程监理信息系统

1.【答案】CDE

【解析】建设工程监理信息系统的目标是实现工程监理信息的系统管理和提供必要的监理决策支持。工程监理信息系统可为工程监理单位及项目监理机构提供标准化、结构化数据，提供预测、决策所需要的信息及分析模型，提供建设工程目标动态控制的分析报告，提供解决建设工程监理问题的多个备选方案。

2.【答案】ABCE

【解析】建设工程信息管理系统的目标是实现工程监理信息的系统管理和提供必要的监理决策支持。建设工程信息管理系统可以为监理机构提供标准化、结构化的数据，提供预测、决策所需要的信息及分析模型，提供建设工程目标动态控制的分析报告，提供解决建设工程监理问题的多个备选方案。

考点 2　建筑信息建模（BIM）技术

3.【答案】ABDE

【解析】BIM 具有可视化、协调性、模拟性、优化性、可出图性等特点。

4.【答案】B

【解析】BIM 具有可视化、协调性、模拟性、优化性、可出图性等特点。在工程施工阶段，可根据施工组织设计将 3D 模型加施工进度（4D）用于模拟实际施工，从而通过确定合理的施工方案指导实际施工，还可进行 5D 模拟，实现造价控制。

5.【答案】B

【解析】应用 BIM 技术，在工程设计阶段，可对节能、紧急疏散、日照、热能传导等进行模拟；在工程施工阶段，可根据施工组织设计将 3D 模型加施工进度（4D）用于模拟实际施工，从而通过确定合理的施工方案指导实际施工，还可进行 5D 模拟，实现造价控制；在运营阶段，可对日常紧急情况的处理进行模拟，如地震人员逃生模拟及消防人员疏散模拟等。

6. **【答案】** ABDE

【解析】 目前，工程监理过程中应用 BIM 技术期望实现如下目标：①可视化展示；②提升工程设计和项目管理质量；③控制工程造价；④缩短工程施工周期。

7. **【答案】** ACDE

【解析】 现阶段，工程监理单位运用 BIM 技术提升服务价值，仍处于初级阶段，其应用范围主要包括以下几方面：①可视化模型建立；②管线综合；③4D 虚拟施工；④成本核算。

8. **【答案】** D

【解析】 BIM 技术的模拟性：应用 BIM 技术，在工程设计阶段，可对节能、紧急疏散、日照、热能传导等进行模拟；在工程施工阶段，可根据施工组织设计将 3D 模型加施工进度（4D）模拟实际施工，从而通过确定合理的施工方案指导实际施工，还可进行 5D 模拟，实现造价控制；在运营阶段，可对日常紧急情况的处理进行模拟，如地震人员逃生模拟及消防人员疏散模拟等。

第九章 建设工程监理文件资料管理

第一节 建设工程监理基本表式及主要文件资料

➤ **重难点：**

1. 工程监理基本表式及其应用说明。
2. 建设工程监理文件资料（监理例会会议纪要、监理日志、监理月报、工程质量评估报告、监理工作总结）编制要求。

考点 1 工程监理基本表式及其应用说明

1. **【单选】** 根据《建设工程监理规范》，下列施工单位报审表中，需要总监理工程师签字并加盖执业印章的是（　　）。

A. 监理通知回复单

B. 施工组织设计报审表

C. 分部工程报验表

D. 工程复工报审表

2. **【单选】** 工程款支付证书需要由（　　）签字，并加盖执业印章。

A. 总监理工程师

B. 专业监理工程师

C. 技术负责人

D. 法定发表人

3. **【单选】** 下列报审、报验表中，最终可由专业监理工程师签认的是（　　）。

A. 施工控制测量成果报验表

B. 施工进度计划报审表

C. 分包单位资格报审表

D. 分部工程报验表

4. **【多选】** 下列表式中，属于各方通用表式的有（　　）。

A. 工程开工报审表

B. 工程变更单

C. 索赔意向通知单

D. 费用索赔报审表

E. 单位工程竣工验收报审表

5. **【单选】** 根据《建设工程监理规范》，需要由总监理工程师签字并加盖执业印章的监理文件是（　　）。

A. 分部工程报验表　　B. 工程原材料报验表

C. 隐蔽工程报表　　D. 费用索赔报审表

6. **【单选】** 根据《建设工程监理规范》，项目监理机构应签发监理通知单的情形是（　　）。

A. 施工存在重大质量事故隐患的

B. 未经批准擅自施工或拒绝项目监理机构管理的

C. 实际进度严重滞后于计划进度且影响合同工期的

D. 未按审查通过的工程设计文件组织施工的

7. **【单选】** 根据《建设工程监理规范》，不需要建设单位签署审批意见的报审表是（　　）。

A. 分包单位资格报审表

B. 工程开工报审表

C. 工程临时或最终延期报审表

D. 工程复工报审表

8. **【多选】** 根据《建设工程监理规范》，应由总监理工程师签字并加盖执业印章的监理文件有（　　）。

A. 工程款支付证书　　B. 隐蔽工程报验表

C. 费用索赔报审表　　D. 分部工程报验表

E. 工程复工令

9. **【多选】** 根据《建设工程监理规范》，项目监理机构应签发监理通知单的情形有（　　）。

A. 施工中使用不合格的工程材料和设备的

B. 实际进度严重滞后于进度计划且影响合同工期的

C. 未按专项施工方案施工或采用不适当施工工艺的

D. 施工存在重大安全事故隐患或发生安全事故的

E. 施工存在重大质量事故隐患或发生质量事故的

10. **【单选】** 项目监理机构应发出监理通知单的情形是（　　）。

A. 施工单位违反工程建设强制性标准的

B. 施工单位未经批准擅自施工或拒绝项目监理机构管理的

C. 施工单位在施工过程中出现不符合工程建设标准或合同约定的

D. 施工单位的施工存在重大质量、安全事故隐患的

11. **【多选】** 项目监理机构应签发监理通知单的情形有（　　）。

A. 未按审查通过的工程设计文件施工

B. 未经批准擅自组织施工的

C. 在工程质量方面存在违规行为的

D. 在工程进度方面存在违规行为的

E. 使用不合格的工程材料的

12. 【单选】根据《建设工程监理规范》，可由专业监理工程师签发的监理文件是（　　）。

A. 工程复工令　　B. 工程开工令

C. 监理通知单　　D. 工程款支付证书

13. 【多选】根据《建设工程监理规范》，总监理工程师签认工程开工报审表应满足的条件有（　　）。

A. 设计交底和图纸会审已完成

B. 施工组织设计已经编制完成

C. 管理及施工人员已到位

D. 进场道路及水、电、通信等已满足开工要求

E. 施工许可证已经办理

14. 【单选】根据《建设工程监理规范》，不需总监理工程师签认的报审表是（　　）。

A. 分包单位资格报审表　　B. 分项工程报验、报审表

C. 施工进度计划报审表　　D. 工程临时延期报审表

15. 【多选】下列属于通用表的有（　　）。

A. 工作联系单　　B. 工程开工报审表

C. 工程开工令　　D. 工程变更单

E. 索赔意向通知书

16. 【单选】根据《建设工程监理规范》，需要建设单位审批的报审（验）表是（　　）。

A. 施工进度计划报审表

B. 工程开工报审表

C. 分部工程报验表

D. 单位工程竣工验收报审表

17. 【多选】根据《建设工程监理规范》，需要经建设单位审批的监理文件资料有（　　）。

A. 单位工程竣工验收报审表　　B. 工程复工报审表

C. 分部工程报验表　　D. 工程款支付报审表

E. 工程最终延期报审表

18. 【多选】根据《建设工程监理规范》，需要由施工项目经理签字并加盖施工单位公章的报审表有（　　）。

A. 工程开工报审表

B. 工程复工报审表

C. 工程款支付报审表

D. 工程临时或最终延期报审表

E. 单位工程竣工验收报审表

19. 【单选】下列报审表中，需要施工项目经理签字并加盖施工单位公章的文件资料是（　　）。

A. 工程开工报审表

B. 工程复工报审表

C. 工程临时或最终延期报审表

D. 施工组织设计或（专项）施工方案报审表

考点 2　工程监理主要文件资料及其编制要求

20. **【多选】**根据《建设工程监理规范》，监理日志应包括的内容有（　　）。

A. 旁站情况　　B. 工地会议记录

C. 巡视情况　　D. 存在问题及处理

E. 平行检验情况

21. **【单选】**工程质量评估报告应在正式（　　）提交给建设单位。

A. 竣工验收前　　B. 竣工验收后

C. 竣工预验收前　　D. 竣工验收备案后

22. **【多选】**项目监理机构编制的工程质量评估报告应包括的内容有（　　）。

A. 工程参建单位　　B. 工程质量验收情况

C. 竣工验收情况　　D. 监理工作经验与教训

E. 工程质量事故处理情况

23. **【单选】**下列关于工程质量评估报告的说法，正确的是（　　）。

A. 工程质量评估报告可由总监理工程师代表组织编写

B. 工程质量评估报告应在工程竣工验收合格后由项目监理机构编写

C. 工程质量评估报告应由总监理工程师及监理单位技术负责人审核签认

D. 工程质量评估报告应包括工程进度完成情况和工程质量验收情况

24. **【多选】**根据《建设工程监理规范》，监理工作总结应包含的内容有（　　）。

A. 监理工作职责　　B. 监理合同履行情况

C. 监理工作成效　　D. 监理工作流程

E. 监理工作中发现的问题及其处理情况

25. **【多选】**根据《建设工程监理规范》，监理文件资料应包括的主要内容有（　　）。

A. 监理规划、监理实施细则

B. 施工控制测量成果报验文件资料

C. 施工安全教育培训证书

D. 施工设备租赁合同

E. 见证取样文件资料

26. **【单选】**监理工作结束后，监理工作总结需经（　　）签字。

A. 专业监理工程师　　B. 监理单位负责人

C. 总监理工程师　　D. 建设单位项目负责人

27. **【单选】**下列关于工程质量评估报告的说法，正确的是（　　）。

A. 工程质量评估报告应在正式竣工验收前提交建设单位

B. 工程质量评估报告应由施工单位组织编制并经总监理工程师签认

C. 工程质量评估报告是工程竣工验收后形成的主要验收文件之一

D. 工程质量评估报告由专业监理工程师组织编制并经总监理工程师签认

28. 【多选】根据《建设工程监理规范》，监理工作总结应包括的内容有（　　）。

A. 项目监理目标　　B. 项目监理工作内容

C. 项目监理机构　　D. 监理工作成效

E. 监理工作程序

第二节　建设工程监理文件资料管理职责和要求

➤ 重难点：

1. 建设工程监理文件资料组卷归档。
2. 建设工程监理文件资料验收与移交。

考点 1 管理职责

1. 【单选】根据《建设工程监理规范》，下列关于项目监理机构文件资料监理职责的说法，错误的是（　　）。

A. 应建立和完善监理文件资料管理制度，宜设专人管理监理文件资料

B. 应及时整理、分类汇总监理文件资料，并按分项工程组卷存放

C. 应及时收集、整理、编制、传递监理文件资料

D. 应根据工程特点和有关规定保存监理档案，并向有关单位、部门移交

考点 2 管理要求

2. 【单选】下列关于建设工程监理文件资料管理的说法，正确的是（　　）。

A. 监理文件资料有追溯性要求时，收文登记应注意核查所填内容是否可追溯

B. 监理文件资料的收文登记人员应确定该文件资料是否需传阅及传阅范围

C. 监理文件资料完成传阅程序后应按监理单位对项目检查的需要进行分类存放

D. 监理文件资料应按施工总承包单位、分包单位和材料供应单位进行分类

3. 【单选】下列关于建设工程监理文件资料卷内排列要求的说法，正确的是（　　）。

A. 请示在前，批复在后　　B. 主件在前，附件在后

C. 定稿在前，印本在后　　D. 图纸在前，文字在后

4. 【单选】下列关于建设工程监理文件资料组卷方法及要求的说法，正确的是（　　）。

A. 图纸按专业排列，同专业图纸按图号顺序排列

B. 监理文件资料可按建设单位、设计单位、施工单位分别组卷

C. 既有文字材料又有图纸的案卷，图纸排前，文字材料排后

D. 一个建设工程由多个单位工程组成时，应按施工进度节点组卷

5. 【单选】下列关于监理文件资料暂时保管单位的说法，正确的是（　　）。

A. 停建、缓建工程的监理文件资料暂由建设单位保管

B. 停建、缓建工程的监理文件资料暂由监理单位保管

C. 改建、扩建工程的监理文件资料由建设单位保管

D. 改建、扩建工程的监理文件资料由监理单位保管

6. 【单选】对于列入城建档案管理部门接收范围的工程，负责移交工程档案资料的责任单位是（　　）。

A. 施工单位　　B. 监理单位

C. 建设单位　　D. 施工总承包单位

7. 【多选】根据《建设工程文件归档规范》，可暂由建设单位保管监理文件资料的工程有（　　）。

A. 改建工程　　B. 扩建工程

C. 停建工程　　D. 缓建工程

E. 维修工程

8. 【多选】下列工作内容中，属于建设工程监理文件资料管理的有（　　）。

A. 收发文与登记　　B. 文件起草与修改

C. 文件传阅　　D. 文件分类存放

E. 文件组卷归档

9. 【多选】下列对建设工程归档文件的要求中，属于编制要求的有（　　）。

A. 符合国家有关的技术规范、标准

B. 案卷不宜过厚，一般不超过 40mm

C. 不同载体的文件一般应分别组卷

D. 内容真实、准确，与工程实际相符

E. 应采用耐久性强的书写材料

10. 【单选】建设工程监理文件资料的组卷顺序是（　　）。

A. 分项工程、分部工程、单位工程

B. 单位工程、分部工程、专业、阶段

C. 单位工程、分部工程、检验批

D. 检验批、分部工程、单位工程

11. 【单选】下列关于工程档案的说法，正确的是（　　）。

A. 工程档案保管期限分为永久保管、长期保管、短期保管三种

B. 工程档案文件须经项目监理机构审查盖章

C. 永久保管是指工程档案保存到该工程的设计使用年限

D. 应归档的文件必须是纸质文件原件

12. 【多选】国家、省市重点工程项目或一些特大型、大型工程项目的（　　），必须有地方城建档案管理部门参加。

A. 单机试车　　B. 联合试车

C. 工程验收　　D. 工程移交

E. 工程预验收

13. **【多选】**下列关于建设工程监理文件归档的说法，正确的有（　　）。

A. 归档的文件资料可以为复印件

B. 文件资料的重要部分用红色墨水笔书写

C. 文件纸张应采用能够长时间保存的韧力大、耐久性强的纸张

D. 文件资料内容真实、准确，与工程实际相符

E. 文件资料应字迹清楚，图样清晰

参考答案及解析

第九章　建设工程监理文件资料管理

第一节　建设工程监理基本表式及主要文件资料

考点 1　工程监理基本表式及其应用说明

1. 【答案】B

【解析】由总监理工程师签字并加盖执业印章的表式有：①工程开工令；②工程暂停令；③工程复工令；④工程款支付证书；⑤施工组织设计或（专项）施工方案报审表；⑥工程开工报审表；⑦单位工程竣工验收报审表；⑧工程款支付报审表；⑨费用索赔报审表；⑩工程临时或最终延期报审表。

2. 【答案】A

【解析】项目监理机构收到经建设单位签署同意支付工程款意见的工程款支付报审表后，总监理工程师应向施工单位签发工程款支付证书，同时抄送建设单位。工程款支付证书需要由总监理工程师签字，并加盖执业印章。

3. 【答案】A

【解析】施工单位完成施工控制测量并自检合格后，需要向项目监理机构报送施工控制测量成果报验表及施工控制测量依据和成果表。专业监理工程师审查合格后予以签认。

4. 【答案】BC

【解析】通用表式有工作联系单、工程变更单和索赔意向通知书。

5. 【答案】D

【解析】由总监理工程师签字并加盖执业印章的表式有：①工程开工令；②工程暂停令；③工程复工令；④工程款支付证书；⑤施工组织设计或（专项）施工方案报审表；⑥工程开工报审表；⑦单位工程竣工验收报审表；⑧工程款支付报审表；⑨费用索赔报审表；⑩工程临时或最终延期报审表。

6. 【答案】C

【解析】根据《建设工程监理规范》，施工单位发生下列行为时，项目监理机构应签发监理通知单：①施工不符合设计要求、工程建设标准、合同约定；②使用不合格的工程材料、构配件和设备；③施工存在质量问题或采用不适当的施工工艺，或施工不当造成工程质量不合格；④实际进度严重滞后于计划进度且影响合同工期；⑤未按专项施工方案施工；⑥存在安全事故隐患；⑦工程质量、造价、进度等方面的其他违法违规行为。

7. 【答案】A

【解析】需要建设单位审批同意的表式有：①施工组织设计或（专项）施工方案报审表（仅对超过一定规模的危险性较大的分部分项工程专项施工方案）；②工程开工报审表；

③工程临时或最终延期报审表；④工程款支付报审表；⑤费用索赔报审表；⑥工程复工报审表。

8. **【答案】** ACE

【解析】 根据《建设工程监理规范》，应由总监理工程师签字并加盖执业印章的表式有：①工程开工令；②工程暂停令；③工程复工令；④工程款支付证书；⑤施工组织设计或（专项）施工方案报审表；⑥工程开工报审表；⑦单位工程竣工验收报审表；⑧工程款支付报审表；⑨费用索赔报审表；⑩工程临时或最终延期报审表。

9. **【答案】** ABC

【解析】 施工单位发生下列行为时，项目监理机构应签发监理通知单：①施工不符合设计要求、工程建设标准、合同约定；②使用不合格的工程材料、构配件和设备；③施工存在质量问题或采用不适当的施工工艺，或施工不当造成工程质量不合格；④实际进度严重滞后于计划进度且影响合同工期；⑤未按专项施工方案施工；⑥存在安全事故隐患；⑦工程质量、造价、进度等方面的其他违法违规行为。

10. **【答案】** C

【解析】 施工单位发生下列行为时，项目监理机构应签发监理通知单：①施工不符合设计要求、工程建设标准、合同约定；②使用不合格的工程材料、构配件和设备；③施工存在质量问题或采用不适当的施工工艺，或施工不当造成工程质量不合格；④实际进度严重滞后于计划进度且影响合同工期；⑤未按专项施工方案施工；⑥存在安全事故隐患；⑦工程质量、造价、进度等方面的其他违法违规行为。

11. **【答案】** CDE

【解析】 施工单位发生下列行为时，项目监理机构应签发监理通知单：①施工不符合设计要求、工程建设标准、合同约定；②使用不合格的工程材料、构配件和设备；③施工存在质量问题或采用不适当的施工工艺，或施工不当造成工程质量不合格；④实际进度严重滞后于计划进度且影响合同工期；⑤未按专项施工方案施工；⑥存在安全事故隐患；⑦工程质量、造价、进度等方面的其他违法违规行为。

12. **【答案】** C

【解析】 监理通知单应由总监理工程师或专业监理工程师签发，对于一般问题可由专业监理工程师签发，重大问题应由总监理工程师或经其同意后签发。

13. **【答案】** ACD

【解析】 单位工程具备开工条件时，施工单位需要向项目监理机构报送工程开工报审表。同时具备下列条件时，由总监理工程师签署审查意见，并报建设单位批准后，总监理工程师方可签发工程开工令：①设计交底和图纸会审已完成；②施工组织设计已由总监理工程师签认；③施工单位现场质量、安全生产管理体系已建立，管理及施工人员已到位，施工机械具备使用条件，主要工程材料已落实；④进场道路及水、电、通信等已满足开工要求。

14. **【答案】** B

【解析】 报验、报审表主要用于隐蔽工程、检验批、分项工程的报验，也可用于为施工

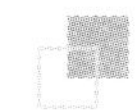

单位提供服务的试验室的报审。专业监理工程师审查合格后予以签认。

15. **【答案】** ADE

【解析】 通用表（C类表）包括工作联系单、工程变更单和索赔意向通知书。选项B属于施工单位报审、报验用表。选项C属于监理单位用表。

16. **【答案】** B

【解析】 需要建设单位审批同意的表式有：①施工组织设计或（专项）施工方案报审表（仅对超过一定规模的危险性较大的分部分项工程专项施工方案）；②工程开工报审表；③工程复工报审表；④工程款支付报审表；⑤费用索赔报审表；⑥工程临时或最终延期报审表。

17. **【答案】** BDE

【解析】 需要建设单位审批同意的表式有：①施工组织设计或（专项）施工方案报审表（仅对超过一定规模的危险性较大的分部分项工程专项施工方案）；②工程开工报审表；③工程复工报审表；④工程款支付报审表；⑤费用索赔报审表；⑥工程临时或最终延期报审表。

18. **【答案】** AE

【解析】 选项B错误，工程复工报审表是需要建设单位审批同意的表式。选项C、D错误，工程款支付报审表、工程临时或最终延期报审表是由总监理工程师签字并加盖执业印章的表式。

19. **【答案】** A

【解析】 根据《建设工程监理规范》，“工程开工报审表（B.0.2）”“单位工程竣工验收报审表（B.0.10）”必须由施工项目经理签字并加盖施工单位公章。

考点2　工程监理主要文件资料及其编制要求

20. **【答案】** ACDE

【解析】 监理日志的主要内容包括：①天气和施工环境情况；②当日施工进展情况，包括工程进度情况、工程质量情况、安全生产情况等；③当日监理工作情况，包括旁站、巡视、见证取样、平行检验等情况；④当日存在的问题及协调解决情况；⑤其他有关事项。

21. **【答案】** A

【解析】 工程质量评估报告应在正式竣工验收前提交给建设单位。

22. **【答案】** ABE

【解析】 工程质量评估报告的主要内容包括：①工程概况；②工程参建单位；③工程质量验收情况；④工程质量事故及其处理情况；⑤竣工资料审查情况；⑥工程质量评估结论。

23. **【答案】** C

【解析】 选项A、B错误，工程竣工预验收合格后，由总监理工程师组织专业监理工程师编制工程质量评估报告。选项D错误，工程质量评估报告的主要内容包括工程概况、工程参建单位、工程质量验收情况、工程质量事故及其处理情况、竣工资料审查情况、工程质量评估结论。

24. 【答案】BCE

【解析】根据《建设工程监理规范》，监理工作总结应包括：①工程概况；②项目监理机构；③建设工程监理合同履行情况；④监理工作成效；⑤监理工作中发现的问题及其处理情况；⑥说明与建议。

25. 【答案】ABE

【解析】建设工程监理主要文件资料包括：①勘察设计文件、建设工程监理合同及其他合同文件；②监理规划、监理实施细则；③设计交底和图纸会审会议纪要；④施工组织设计、(专项）施工方案、施工进度计划报审文件资料；⑤分包单位资格报审会议纪要；⑥施工控制测量成果报验文件资料；⑦总监理工程师任命书，工程开工令、暂停令、复工令，开工或复工报审文件资料；⑧工程材料、构配件、设备报验文件资料；⑨见证取样和平行检验文件资料；⑩工程质量检验报验资料及工程有关验收资料；⑪工程变更、费用索赔及工程延期文件资料；⑫工程计量、工程款支付文件资料；⑬监理通知单、工作联系单与监理报告；⑭第一次工地会议、监理例会、专题会议等会议纪要；⑮监理月报、监理日志、旁站记录；⑯工程质量或安全生产事故处理文件资料；⑰工程质量评估报告及竣工验收文件资料；⑱监理工作总结。

26. 【答案】C

【解析】当监理工作结束时，项目监理机构应进行监理工作总结。监理工作总结由总监理工程师组织专业监理工程师编写，编写完成后的监理工作总结经总监理工程师签字，并加盖项目监理机构印章后报送监理单位和建设单位。

27. 【答案】A

【解析】工程竣工预验收合格后，由总监理工程师组织专业监理工程师编制工程质量评估报告，编制完成后，由项目总监理工程师及监理单位技术负责人审核签认并加盖监理单位公章后报建设单位。工程质量评估报告应在正式竣工验收前提交给建设单位。

28. 【答案】CD

【解析】监理工作总结应包括：①工程概况；②项目监理机构；③建设工程监理合同履行情况；④监理工作成效；⑤监理工作中发现的问题及其处理情况；⑥说明与建议。

第二节　建设工程监理文件资料管理职责和要求

考点 1　管理职责

1. 【答案】B

【解析】选项B错误，项目监理机构应及时整理、分类汇总监理文件资料，并应按规定组卷，形成监理档案。

考点 2 管理要求

2. 【答案】A

【解析】选项 B 错误，建设工程监理文件资料需要由总监理工程师或其授权的监理工程师确定是否需要传阅。对于需要传阅的，应确定传阅人员名单和范围，并在文件传阅纸上注明“*”。选项 C、D 错误，建设工程监理文件资料经收文、发文、登记和传阅工作程序后，必须进行科学的分类后存放。建设工程监理文件资料的分类应根据工程项目的施工顺序、施工承包体系、单位工程的划分以及工程质量验收程序等，并结合项目监理机构自身的业务工作开展情况进行，原则上可按施工单位、专业施工部位、单位工程等进行分类，以保证建设工程监理文件资料检索和归档工作的顺利进行。

3. 【答案】B

【解析】同一事项的请示与批复、同一文件的印本与定稿、主件与附件不能分开，并按批复在前、请示在后，印本在前、定稿在后，主件在前、附件在后的顺序排列。

4. 【答案】A

【解析】监理文件资料可按单位工程、分部单位、专业、阶段等组卷。既有文字材料又有图纸的案卷，文字材料排前，图纸排后。一个建设工程由多个单位工程组成时，应按单位工程组卷。

5. 【答案】A

【解析】建设工程监理文件资料的移交中，停建、缓建工程的监理文件资料暂由建设单位保管。

6. 【答案】C

【解析】列入城建档案管理部门接收范围的工程，建设单位在工程竣工验收后 3 个月内向城建档案管理部门移交一套符合规定的工程档案（监理文件资料）。

7. 【答案】CD

【解析】根据《建设工程文件归档规范》，停建、缓建工程的监理文件资料暂由建设单位保管。对改建、扩建和维修工程，建设单位应组织工程监理单位据实修改、补充和完善监理文件资料，对改变的部位，应当重新编写，并在工程竣工验收后 3 个月内向城建档案管理部门移交。

8. 【答案】ACDE

【解析】建设工程监理文件资料的管理要求体现在建设工程监理文件资料管理全过程，包括监理文件资料收发文与登记、传阅、分类存放、组卷归档、验收与移交等。

9. 【答案】ADE

【解析】建设工程监理文件资料编制要求：文件资料内容及其深度须符合国家有关技术规范、标准的要求；文件资料内容必须真实、准确，与工程实际相符；文件资料应采用耐久性强的书写材料，如碳素墨水、蓝黑墨水，不得使用易褪色的书写材料，如红色墨水、纯蓝墨水、圆珠笔、复写纸、铅笔等。组卷要求：①案卷不宜过厚，文字材料卷厚度不宜超过 20mm，图纸卷厚度不宜超过 50mm；电子文件立卷时，应与纸质文件在案卷设置上一致，并应建立相应的标识关系；②案卷内不应有重份文件，印刷成册的工程文件应保持原状。

10. **【答案】** B

【解析】 建设工程监理文件资料的分类原则上可按施工单位、专业施工部位、单位工程等进行分类。组卷原则及方法：①组卷应遵循监理文件资料的自然形成规律，保持卷内文件的有机联系，便于档案的保管和利用；②一个建设工程由多个单位工程组成时，应按单位工程组卷；③监理文件资料可按单位工程、分部工程、专业、阶段等组卷。

11. **【答案】** A

【解析】 工程档案保管期限分为永久保管、长期保管和短期保管。永久保管是指工程档案无限期地、尽可能长远地保存下去；长期保管是指工程档案保存到该工程被彻底拆除；短期保管是指工程档案保存 10 年以下。当同一案卷内有不同保管期限的文件时，该案卷保管期限应从长。

12. **【答案】** CE

【解析】 对国家、省市重点工程项目或一些特大型、大型工程项目的预验收和验收，必须有地方城建档案管理部门参加。

13. **【答案】** CDE

【解析】 选项 A 错误，归档的文件资料一般应为原件。选项 B 错误，文件资料应采用耐久性强的书写材料，如碳素墨水、蓝黑墨水，不得使用易褪色的书写材料，如红色墨水、纯蓝墨水、圆珠笔、复写纸、铅笔等。

第十章　建设工程项目管理服务

第一节　项目管理知识体系

➢ **重难点：**

项目管理知识领域。

考点 1　PMBOK 总体框架

1. 【单选】项目管理知识体系（PMBOK）除将项目管理活动归结为计划、执行、监控和收尾过程组外，尚有（　　）过程组。

   A. 启动

   B. 目标

   C. 范围

   D. 规划

2. 【单选】根据项目管理知识体系（PMBOK），为成功完成项目对项目所需资源进行管理的工作过程称为（　　）。

   A. 项目集成管理

   B. 项目范围管理

   C. 项目资源管理

   D. 项目风险管理

3. 【单选】项目管理知识体系（PMBOK）中，为确保项目及其利益相关者的信息需求得到满足而进行的必要管理过程称为（　　）。

   A. 项目沟通管理

   B. 项目资源管理

   C. 项目范围管理

   D. 项目利益相关者管理

4. 【单选】根据项目管理知识体系（PMBOK），组织为实现战略目标、获得收益而以综合协调方式对一组相关项目进行的管理是（　　）。

   A. 项目集成管理　　　　B. 项目沟通管理

第十章 必刷

C. 项目组合管理　　D. 项目群管理

5. 【多选】最新发布的 PMBOK 提出了一组对有效交付项目成果至关重要的相关活动，称为项目绩效域，包括（　　）。

A. 不确定性　　B. 聚集价值

C. 利益相关者　　D. 优化风险应对

E. 开发方法和生命周期

6. 【单选】根据项目管理知识体系（PMBOK）（第 7 版），下列项目管理要素中，属于项目绩效域的是（　　）。

A. 开发方法和生命周期

B. 优化风险应对

C. 创建协作的项目团队环境

D. 展现领导力行为

考点 2 项目利益相关者管理

7. 【多选】识别项目利益相关者的方法主要有（　　）。

A. 访谈　　B. 专家调查

C. 环境因素分析　　D. 假设分析

E. 历史数据分析

8. 【多选】下列关于项目利益相关者及其分类的说法，正确的有（　　）。

A. 建设工程项目利益相关者仅包括建设单位、设计单位、施工单位、监理单位

B. 按利益相关程度不同，项目利益相关者可分为主要利益相关者和次要利益相关者

C. 按利益主体不同，项目利益相关者可分为内部利益相关者和外部利益相关者

D. 按损益程度不同，项目利益相关者可分为受益利益相关者和受损利益相关者

E. 按项目掌控力不同，项目利益相关者可分为大利益相关者和小利益相关者

第二节　建设工程风险管理

➢ 重难点：

1. 建设工程风险分类及管理过程。
2. 建设工程风险识别与评价。
3. 建设工程风险对策及监控。

考点 1 《风险管理指南》ISO 31000

1. 【多选】《风险管理指南》中采用“三轮”形式概括了风险管理的（　　）。

A. 原则　　B. 框架

C. 流程　　D. 特点

E. 针对人群

2. 【单选】风险管理原则轮中，核心是（　　）。

A. 领导力和承诺　　B. 价值创造和保护

C. 创造力　　D. 风险识别

3. 【多选】风险管理包括（　　）。

A. 风险分析与评价

B. 风险应对监控

C. 风险应对

D. 风险识别

E. 风险追踪

4. 【多选】根据《风险管理指南》(ISO 31000)，风险管理流程中，反映风险评估流程的经典内容有（　　）。

A. 风险识别　　B. 风险分析

C. 风险评价　　D. 风险应对

E. 风险监控

考点 2　建设工程风险管理

5. 【单选】下列关于风险识别方法的说法，正确的是（　　）。

A. 流程图法不仅分析流程本身，也可显示发生问题的损失值或损失发生的概率

B. 风险初始清单是项目风险管理的重要成果，可以作为项目风险识别的最佳结论

C. 经验数据法根据已建各类工程与风险有关的统计资料来识别拟建工程风险

D. 专家调查法是从分析具体工程特点入手，对已经识别出的风险进行鉴别和确认

6. 【单选】下方风险等级图中，风险量大致相等的是（　　）。

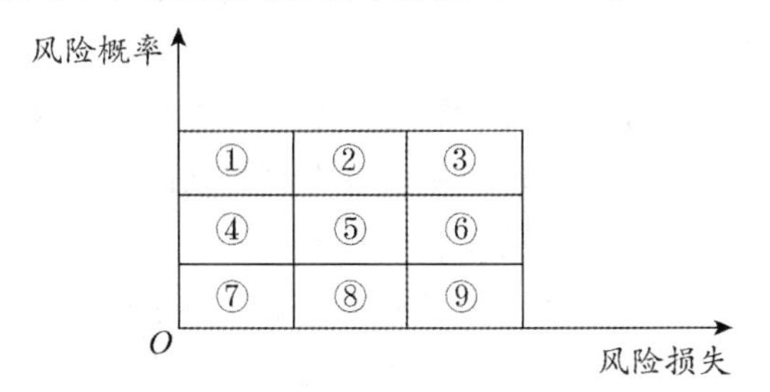

A. ①②③　　B. ③⑥⑨

C. ①⑤⑨　　D. ③⑤⑦

7. 【单选】下列关于风险评定的说法，正确的是（　　）。

A. 风险等级为小的风险因素是可忽略的风险

B. 风险等级为中等的风险因素是可接受的风险

C. 风险等级为大的风险因素是不可接受的风险

D. 风险等级为很大的风险因素是不希望有的风险

第十章 必刷

8.【单选】下列关于建设工程风险的损失控制对策的说法，正确的是（　　）。

A. 预防损失措施的主要作用在于遏制损失的发展

B. 减少损失措施的主要作用在于降低损失发生的概率

C. 制定损失控制措施必须考虑其付出的费用和时间方面的代价

D. 制定损失控制措施只需考虑其付出的费用代价

9.【单选】下列关于风险非保险转移对策的说法，错误的是（　　）。

A. 建设单位可通过合同责任条款将风险转移给对方当事人

B. 施工单位可通过工程分包将专业技术风险转移给分包人

C. 非保险转移风险的代价不会超过实际发生的损失，对转移者不会造成不利影响

D. 当事人一方可向对方提供第三方担保，担保方承担的风险仅限于合同责任

10.【单选】风险管理计划实施后，对风险的发展必然会产生相应效果的是（　　）。

A. 风险评价方法

B. 风险控制措施

C. 风险数据采集

D. 风险跟踪检查

11.【单选】下列工程风险管理中，关于预防损失和减少损失两类措施的说法，正确的是（　　）。

A. 预防损失措施和减少损失措施的作用均在于降低损失发生的概率

B. 预防损失措施和减少损失措施的作用均在于降低损失的严重性

C. 预防损失措施的作用在于降低损失发生的概率，减少损失措施的作用在于降低损失的严重性

D. 预防损失措施的作用在于降低损失的严重性，减少损失措施的作用在于降低损失发生的概率

12.【多选】为应对工程风险，采用非保险转移策略的优点有（　　）。

A. 转移风险一方不需要为风险转移付出任何代价

B. 双方当事人不会因对合同条款理解发生分歧而导致风险转移失效

C. 可以转移某些在保险公司不能投保的潜在损失风险

D. 风险被转移者往往能较好地进行损失控制

E. 风险被转移者不会因为无力承担实际重大损失而导致风险转移失效

13.【单选】按风险影响范围分类，建设工程风险可划分为（　　）。

A. 社会风险和政治风险

B. 监理单位风险和施工单位风险

C. 局部风险和总体风险

D. 可管理风险和不可管理风险

14.【单选】下列风险识别方法中，属于专家调查法的有（　　）。

A. 初始清单法　　B. 流程图法

C. 德尔菲法　　D. 经验数据法

15. 【多选】下列关于采用初始清单法识别风险的说法，正确的有（　　）。

A. 初始清单可由有关人员利用所掌握的丰富知识设计而成

B. 建立初始清单是为了便于人们较全面地认识工程风险的存在

C. 利用初始清单有利于风险识别人员不遗漏重要的工程风险

D. 建立初始清单需要参照同类工程风险的经验数据

E. 初始清单中列出的风险，是风险识别的最终结论

16. 【多选】对每一个建设工程的风险都从头开始识别，该做法的缺点有（　　）。

A. 不利于专业风险识别人员积累经验

B. 耗费时间和精力，风险识别工作效率低

C. 可能导致风险识别的随意性

D. 不利于按时间维度对建设工程风险进行分解

E. 不便积累风险识别的成果资料

17. 【单选】风险识别的最主要成果是（　　）。

A. 风险清单损失值

B. 风险清单

C. 风险事件发生概率

D. 风险度量值

18. 【多选】下列风险管理工作中，属于风险分析与评价工作内容的有（　　）。

A. 确定单一风险因素发生的概率

B. 分析单一风险因素的影响范围大小

C. 分析各风险因素之间相关性的大小

D. 分析各个风险因素最适宜的管理措施

E. 分析各个风险因素的结果

19. 【单选】下列关于风险等级可接受性评定的说法，正确的是（　　）。

A. 风险等级为大的风险因素是不希望有的风险

B. 风险等级为中的风险因素是不可接受的风险

C. 风险等级为小的风险因素是不可接受的风险

D. 风险等级为很小的风险因素是可忽略的风险

20. 【单选】工程风险管理中，分析与评价工程风险可采用的方法是（　　）。

A. 财务报表法

B. 流程图法

C. 敏感性分析法

D. 经验数据法

第十章 必刷

21. 【单选】以一定方式中断风险源，使其不发生或不再发展，从而避免可能产生的潜在损失的风险对策是（　　）。

A. 损失控制　　B. 风险自留

C. 风险转移　　D. 风险回避

22. 【单选】下列损失控制的工作内容中，不属于灾难计划编制内容的是（　　）。

A. 安全撤离现场人员

B. 救援及处理伤亡人员

C. 起草保险索赔报告

D. 控制事故的进一步发展

23. 【多选】灾难计划是针对严重风险事件制订的，其内容应满足（　　）的要求。

A. 援救及处理伤亡人员

B. 保证受影响区域的安全尽快恢复正常

C. 调整建设工程施工计划

D. 使因严重风险事件而中断的工程实施过程尽快全面恢复

E. 控制事故的进一步发展，最大限度地减少资产和环境损害

24. 【多选】在损失控制计划系统中，应急计划是在损失基本确定后的处理计划，其应包括的内容有（　　）。

A. 采用多种货币组合的方式付款

B. 调整整个建设工程的施工进度计划

C. 调整材料、设备采购计划

D. 控制事故的进一步发展，最大限度地减少资产和环境损害

E. 准备保险索赔依据，确定保险索赔的额度，起草保险索赔报告

25. 【多选】采用工程保险方式转移工程风险时，需要考虑的内容有（　　）。

A. 保险安排方式

B. 保险类型选择

C. 保险人选择

D. 保险合同谈判

E. 保险索赔报告

26. 【多选】下列风险对策中，属于非保险转移的有（　　）。

A. 业主与承包商签订固定总价合同

B. 在外资项目上采用多种货币结算

C. 设立风险专用基金

D. 总承包商将专业工程内容分包

E. 业主要求承包商提供履约保证

27. 【多选】下列关于计划性风险自留的说法，正确的有（　　）。

A. 计划性风险自留是有计划的选择

B. 风险自留一般单独运用效果较好

C. 应保证重大风险已有对策后才使用

D. 在风险管理人员正确识别和评价风险后使用

E. 通常采用外部控制措施来化解风险

28. 【多选】下列关于风险跟踪检查与报告的说法，正确的有（　　）。

A. 跟踪风险控制措施的效果是风险监控的主要内容

B. 应定期将跟踪结果编制成风险跟踪报告

C. 风险跟踪过程中发现新的风险因素时应进行重新估计

D. 风险跟踪报告内容的详细程度应根据掌握的资料确定

E. 编制和提交风险跟踪报告是风险管理的一项日常工作

第三节　建设工程勘察、设计、保修阶段服务内容

> **重难点：**
>
> 1. 协助委托工程勘察设计任务。
> 2. 工程设计过程中的服务。
> 3. 工程勘察设计阶段其他相关服务（协助建设单位组织工程设计成果评审）。
> 4. 工程保修阶段服务内容。

考点 1　工程勘察设计阶段服务内容

1. **【单选】**下列关于工程勘察成果审查的说法，正确的是（　　）。

A. 岩土工程勘察应正确反映场地工程地质条件

B. 详勘阶段的勘察成果应满足初步设计的深度要求

C. 勘察报告应有完成单位的公章和法人代表签字

D. 勘察评估报告由专业监理工程师组织编制

2. **【多选】**下列属于监理单位在工程设计过程中的服务的有（　　）。

A. 施工图预算审查　　B. 设计进度计划审查

C. 设计过程控制　　D. 进度款的批复

E. 设计成果审查

3. **【多选】**下列内容中，属于工程设计评估报告内容的有（　　）。

A. 设计任务书的完成情况

B. 各专业计划的衔接情况

C. 出图节点与总体计划的符合情况

D. 有关部门审查意见的落实情况

E. 设计深度、与设计标准的符合情况

4. **【单选】**根据《建设工程监理规范》，工程监理单位应审查设计单位提出的新材料、新工艺、新技术、新设备在相关部门的备案情况，必要时应协助（　　）。

A. 设计单位组织专家复审

B. 相关部门组织专案论证

C. 建设单位组织专家评审

D. 使用单位取得备案材料

5. **【单选】**评审工程设计成果需要进行的工作有：①邀请专家参与评审；②确定专家人选；

③建立评审制度和程序；④ 收集专家评审意见；⑤ 分析专家评审意见。其正确的工作步骤是（　　）。

A. ①②③④⑤　　B. ①③②④⑤

C. ③②①④⑤　　D. ②①④③⑤

6. 【多选】工程设计阶段，工程监理单位协助建设单位报审工程设计文件时，需要开展的工作内容有（　　）。

A. 了解政府对设计文件的审批程序、报审条件等信息

B. 向相关部门咨询，获得相关部门的咨询意见

C. 事先检查设计文件及附件的完整性、合规性

D. 联系相关政府部门，及时向设计单位反馈审批意见

E. 协助设计单位落实政府有关部门的审批意见

7. 【单选】工程监理单位提供设计阶段相关服务时，对于设计单位提出使用新材料的设计方案，应审查新材料在相关部门的备案情况，必要时应协助（　　）组织专家进行评审。

A. 设计单位　　B. 建设单位

C. 相关部门　　D. 审图机构

8. 【单选】根据《建设工程监理规范》，工程监理单位受建设单位委托进行工程勘察管理时，工程勘察成果评估报告应由（　　）组织编制。

A. 总监理工程师

B. 评估专家组组长

C. 工程勘察项目负责人

D. 建设单位项目负责人

9. 【单选】根据《建设工程监理规范》，工程监理单位在工程设计阶段开展相关服务工作时，应完成的报告是（　　）。

A. 设计总体计划报告　　B. 设计费结算报告

C. 设计成果评估报告　　D. 设计工作报告

10. 【单选】工程监理单位在工程设计过程中（提出报告时），应审查设计单位提出的新材料、新工艺、新技术、新设备在相关部门的备案情况，必要时应协助（　　）组织专家评审。

A. 建设单位　　B. 设计单位

C. 施工单位　　D. “四新”备案部门

考点 2　工程保修阶段服务内容

11. 【单选】工程监理单位承担工程保修阶段服务时，应按（　　）及检查内容开展工作，并做好记录。

A. 保修期回访计划　　B. 保修期监理规划

C. 保修期监理实施细则　　D. 保修期监理工作计划

第四节　建设工程监理与项目管理一体化

➢ **重难点：**

1. 建设工程监理与项目管理服务的区别。
2. 工程监理与项目管理一体化的实施条件。

考点 1　建设工程监理与项目管理服务的区别

1. **【多选】**建设工程监理与项目管理服务的区别在于（　　）。

A. 服务对象不同

B. 服务性质不同

C. 服务标准不同

D. 服务范围不同

E. 服务侧重点不同

2. **【单选】**建设工程监理与项目管理服务的相同点是（　　）。

A. 服务性质相同　　B. 服务范围相同

C. 服务侧重点相同　　D. 服务单位的社会化属性相同

考点 2　工程监理与项目管理一体化的实施条件和组织职责

3. **【单选】**实施工程监理与项目管理一体化的前提是（　　）。

A. 工程监理单位人员素质高

B. 工程监理单位管理手段先进

C. 施工单位的信任和支持

D. 建设单位的信任和支持

4. **【单选】**工程监理与项目管理一体化是指工程监理单位在实施建设工程监理的同时，为（　　）提供项目管理服务。

A. 建设单位　　B. 设计单位

C. 项目管理单位　　D. 施工总承包单位

5. **【单选】**下列关于工程监理与项目管理一体化的说法，正确的是（　　）。

A. 工程监理与项目管理一体化是指监理单位提供的建设工程全过程管理服务

B. 推行工程监理与项目管理一体化是深化项目法人责任制改革的重要举措

C. 建设单位的信任和支持是提供工程监理与项目管理一体化服务的前提

D. 工程监理与项目管理一体化属于国家规定强制实施的一项制度

第五节　建设工程项目全过程集成化管理

➤ **重难点：**

全过程集成化管理服务模式。

考点　全过程集成化管理服务模式

1. **【单选】**按照工程项目管理单位与建设单位结合方式的不同，全过程集成化项目管理服务方式可归纳为（　　）。

A. 独立式、融合式、植入式

B. 直线式、职能式、矩阵式

C. 职能式、融合式、植入式

D. 独立式、直线式、矩阵式

2. **【多选】**按照工程项目管理单位与建设单位的结合方式不同，全过程集成化项目管理服务模式有（　　）。

A. 独立式　　B. 顾问式

C. 并行式　　D. 融合式

E. 植入式

参考答案及解析

第十章　建设工程项目管理服务

第一节　项目管理知识体系

考点 1　**PMBOK 总体框架**

1. **【答案】** A

【解析】 PMBOK 将项目管理活动归结为五个基本过程组，即启动、计划、执行、监控和收尾。

2. **【答案】** C

【解析】 项目资源管理是指为了成功完成项目对项目所需资源进行管理的过程。

3. **【答案】** A

【解析】 项目沟通管理是指为确保项目及其利益相关者的信息需求得到满足而进行的必要管理过程。

4. **【答案】** D

【解析】 项目群管理是指组织为实现战略目标、获得收益而以一种综合协调方式对一组相关项目进行的管理。

5. **【答案】** ACE

【解析】 最新发布的 PMBOK 提出了一组对有效交付项目成果至关重要的相关活动，称为项目绩效域，包括：①利益相关者；②团队；③开发方法和生命周期；④规划；⑤项目工作；⑥交付；⑦测量；⑧不确定性。最新发布的 PMBOK 提出的项目交付原则有 12 项：①成为勤勉、尊重和关心他人的管家；②创建协作的项目团队环境；③有效的利益相关者参与；④展现领导力行为；⑤识别、评估和响应系统交互；⑥拥抱适应性和韧性；⑦驾驭复杂性；⑧优化风险应对；⑨根据环境进行裁剪；⑩将质量融入过程和可交付成果中；⑪聚集价值；⑫为实现预期的未来状态而驱动变革。

6. **【答案】** A

【解析】 最新发布的 PMBOK（第 7 版）提出了一组对有效交付项目成果至关重要的相关活动，称为项目绩效域：①利益相关者；②团队；③开发方法和生命周期；④规划；⑤项目工作；⑥交付；⑦测量；⑧不确定性。

第十章 必刷

考点 2　**项目利益相关者管理**

7. **【答案】** ACDE

【解析】 识别项目利益相关者的方法主要有以下 5 种：①文件资料分析；②访谈；③历史数据分析；④假设分析；⑤环境因素分析。

8. 【答案】BCD

【解析】选项 A 错误，对建设工程项目而言，利益相关者包括投资人、建设单位、勘察单位、设计单位、总承包单位、分包单位、材料设备供应商、咨询单位、工程监理单位、工程检测单位、项目使用单位、工程质量监督机构、政府监督部门等。选项 E 错误，按项目掌控力不同，项目利益相关者可分为强利益相关者和弱利益相关者。

第二节　建设工程风险管理

考点 1 《风险管理指南》ISO 31000

1. 【答案】ABC

【解析】《风险管理指南》中采用“三轮”形式概括了风险管理的原则、框架和流程。

2. 【答案】B

【解析】风险管理原则轮中，核心是“价值创造和保护”；风险管理框架轮中，核心是“领导力和承诺”。

3. 【答案】ABCD

【解析】风险管理包括风险识别、风险分析与评价、风险应对、风险应对策略实施和监控。

4. 【答案】ABC

【解析】根据《风险管理指南》(ISO 31000)，风险管理流程轮中，反映了风险评估的经典流程：风险识别—风险分析—风险评价。

考点 2 建设工程风险管理

5. 【答案】C

【解析】选项 A 错误，流程图法分析仅着重于流程本身，而无法显示发生问题的损失值或损失发生的概率。选项 B 错误，风险初始清单只是为了便于人们较全面地认识风险的存在，而不至于遗漏重要的建设工程风险，但并不是风险识别的最终结论。选项 D 错误，风险调查应当从分析具体工程特点入手，一方面对通过其他方法已识别出的风险(如初始清单所列出的风险)进行鉴别和确认；另一方面通过风险调查有可能发现此前尚未识别出的重要风险。

6. 【答案】C

【解析】在风险等级图中，①⑤⑨区域的风险量大致相等，均是 M 等级。

7. 【答案】C

【解析】根据风险重要性评定结果，可以进行风险可接受性评定。风险等级为大、很大的风险因素表示风险重要性较高，是不可接受的风险，需要给予重点关注；风险等级为中等的风险因素是不希望有的风险；风险等级为小的风险因素是可接受的风险；风险等级为很小的风险因素是可忽略的风险。

8. 【答案】C

【解析】预防损失措施的主要作用在于降低或消除（通常只能做到降低）损失发生的概率，而减少损失措施的作用在于降低损失的严重性或遏制损失的进一步发展，使损失最小化。制定损失控制措施必须考虑其付出的代价，包括费用和时间两个方面的代价，而时间方面的代价往往又会引起费用方面的代价。

9.【答案】C

【解析】非保险转移一般都要付出一定的代价，有时转移风险的代价可能会超过实际发生的损失，从而对转移者不利。

10.【答案】B

【解析】风险管理计划实施后，风险控制措施必然会对风险的发展产生相应的效果。

11.【答案】C

【解析】损失控制是一种主动、积极的风险对策，可分为预防损失和减少损失两种措施。预防损失措施的主要作用在于降低或消除（通常只能做到降低）损失发生的概率，而减少损失措施主要的作用在于降低损失的严重性或遏制损失的进一步发展，使损失最小化。

12.【答案】CD

【解析】非保险转移策略的优点包括：①可以转移某些不可保的潜在损失；②被转移者往往能较好地进行损失控制。

13.【答案】C

【解析】建设工程风险因素有很多，可从不同角度进行分类：①按照风险来源进行划分，风险因素包括自然风险、社会风险、经济风险、法律风险和政治风险。②按照风险涉及的当事人划分，风险因素包括建设单位风险、设计单位风险、施工单位风险、工程监理单位风险等。③按风险可否管理划分，可分为可管理风险和不可管理风险。④按风险影响范围划分，可分为局部风险和总体风险。

14.【答案】C

【解析】专家调查法主要包括头脑风暴法、德尔菲法和访谈法。

15.【答案】ABC

【解析】选项A、B、C正确，选项E错误，初始清单法是指有关人员利用所掌握的丰富知识设计而成的初始风险清单表，尽可能详细地列举建设工程所有的风险类别，按照系统化、规范化的要求去识别风险。初始清单只是为了便于人们较全面地认识风险的存在，而不至于遗漏重要的建设工程风险，但并不是风险识别的最终结论。选项D错误，经验数据法，也称统计资料法，即根据已建各类建设工程与风险有关的统计资料来识别拟建工程风险。已建各类建设工程与风险有关的数据是识别拟建工程风险的重要基础。

16.【答案】BCE

【解析】如果对每一个建设工程风险的识别都从头做起，至少有以下三方面缺陷：一是耗费时间和精力，风险识别工作的效率低；二是由于风险识别的主观性，可能导致风险识别的随意性，其结果缺乏规范性；三是风险识别成果资料不便积累，对今后的风险识别工作缺乏指导作用。因此，为了避免以上缺陷，有必要建立建设工程风险初始清单。

17. **【答案】**B

【解析】风险识别的最主要成果是风险清单。风险清单最简单的作用是描述存在的风险并记录可能减轻风险的行为。

18. **【答案】**ABE

【解析】风险分析与评价的任务包括：①确定单一风险因素发生的概率；②分析单一风险因素的影响范围大小；③分析各个风险因素的发生时间；④分析各个风险因素的结果，探讨这些风险因素对建设工程目标的影响程度；⑤在单一风险因素量化分析的基础上，考虑多种风险因素对建设工程目标的综合影响、评估风险的程度并提出可能的措施作为管理决策的依据。

19. **【答案】**D

【解析】根据风险重要性评定结果，可以进行风险可接受性评定。风险等级为大、很大的风险因素表示风险重要性较高，是不可接受的风险，需要给予重点关注；风险等级为中等的风险因素是不希望有的风险；风险等级为小的风险因素是可接受的风险；风险等级为很小的风险因素是可忽略的风险。

20. **【答案】**C

【解析】风险的分析与评价往往采用定性与定量相结合的方法来进行。目前，常用的风险分析与评价方法有调查打分法、蒙特卡洛模拟法、计划评审技术法和敏感性分析法等。

21. **【答案】**D

【解析】风险回避是指在完成建设工程风险分析与评价后，如果发现风险发生的概率很高，而且可能的损失也很大，又没有其他有效的对策来降低风险时，应采取放弃项目、放弃原有计划或改变目标等方法，使其不发生或不再发展，从而避免可能产生的潜在损失。

22. **【答案】**C

【解析】灾难计划的内容应满足以下要求：①安全撤离现场人员；②援救及处理伤亡人员；③控制事故的进一步发展，最大限度地减少资产和环境损害；④保证受影响区域的安全尽快恢复正常。

23. **【答案】**ABE

【解析】灾难计划的内容应满足以下要求：①安全撤离现场人员；②援救及处理伤亡人员；③控制事故的进一步发展，最大限度地减少资产和环境损害；④保证受影响区域的安全尽快恢复正常。

24. **【答案】**BCE

【解析】应急计划应包括的内容有：①调整整个建设工程实施进度计划、材料与设备的采购计划、供应计划；②全面审查可使用的资金情况；③准备保险索赔依据；④确定保险索赔的额度；⑤起草保险索赔报告；⑥必要时需调整筹资计划等。

25. **【答案】**ABCD

【解析】采用保险转移这一风险对策需要考虑与保险有关的几个具体问题：①保险的安

排方式；②选择保险类别和保险人；③可能要进行保险合同谈判，这项工作最好委托保险经纪人或保险咨询公司完成，但免赔额的数额或比例要由投保人自己确定。

26.【答案】ADE

【解析】建设工程风险最常见的非保险转移有以下3种情况：①建设单位将合同责任和风险转移给对方当事人。建设单位管理风险必须要从合同管理入手，分析合同管理中的风险分担。在这种情况下，被转移者多数是施工单位。例如，在合同条款中规定，建设单位对场地条件不承担责任；又如，采用固定总价合同将涨价风险转移给施工单位等。②施工单位进行工程分包。施工单位中标承接某工程后，将该工程中专业技术要求很强而自己缺乏相应技术的内容分包给专业分包单位，从而更好地保证工程质量。③第三方担保。合同当事人一方要求另一方为其履约行为提供第三方担保。担保方所承担的风险仅限于合同责任，即由于委托方不履行或不适当履行合同以及违约所产生的责任。第三方担保主要有建设单位付款担保、施工单位履约担保、预付款担保、分包单位付款担保、工资支付担保等。

27.【答案】AD

【解析】风险自留是指将建设工程风险保留在风险管理主体内部，通过采取内部控制措施等来化解风险。风险自留可分为非计划性风险自留和计划性风险自留两种：①非计划性风险自留。由于风险管理人员没有意识到建设工程某些风险的存在，或者不曾有意识地采取有效措施，以致风险发生后只好保留在风险管理主体内部。这样的风险自留就是非计划性的和被动的。导致非计划性风险自留的主要原因有缺乏风险意识、风险识别失误、风险分析与评价失误、风险决策延误、风险决策实施延误等。②计划性风险自留。计划性风险自留是主动的、有意识的、有计划的选择，是风险管理人员在经过正确的风险识别和风险评价后制定的风险对策。风险自留绝不可能单独运用，而应与其他风险对策结合使用。在实行风险自留时，应保证重大和较大的建设工程风险已进行工程保险或实施了损失控制计划。

28.【答案】ABCE

【解析】风险跟踪检查与报告：①风险跟踪检查。跟踪风险控制措施的效果是风险监控的主要内容。通常采用风险跟踪表格来记录跟踪的结果，然后定期地将跟踪的结果制成风险跟踪报告。②风险的重新估计。只要发现新的风险因素，就要对其进行重新估计。即使没有出现新的风险，也需要在工程进展的关键时段对风险进行重新估计。③风险跟踪报告。风险跟踪的结果需要及时地进行报告，报告通常供高层次的决策者使用。报告内容的详细程度应按照决策者的需要而定。编制和提交风险跟踪报告是风险管理的一项日常工作，报告的格式和频率应视需要和成本而定。

第三节　建设工程勘察、设计、保修阶段服务内容

考点1　工程勘察设计阶段服务内容

1.【答案】A

【解析】选项B错误，详勘阶段的勘察成果应满足施工图设计的深度要求。选项C错误，勘察报告应有完成单位的公章（法人公章或资料专业章），应有法人代表（或其委托代理人）和项目主要负责人签章。选项D错误，勘察评估报告由总监理工程师组织各专业监理工程师编制。

2. 【答案】ABCE

【解析】监理单位在工程设计过程中的服务包括：①工程设计进度计划的审查；②工程设计过程控制；③工程设计成果审查；④工程设计“四新”的审查；⑤工程设计概算、施工图预算的审查。

3. 【答案】ADE

【解析】工程设计评估报告应包括下列主要内容：①设计工作概况；②设计深度、与设计标准的符合情况；③设计任务书的完成情况；④有关部门审查意见的落实情况；⑤存在的问题及建议。

4. 【答案】C

【解析】工程监理单位应审查设计单位提出的新材料、新工艺、新技术、新设备在相关部门的备案情况，必要时应协助建设单位组织专家评审。

5. 【答案】C

【解析】工程设计成果评审程序包括：①事先建立评审制度和程序，并编制设计成果评审计划，列出预评审的设计成果清单；②根据设计成果特点，确定相应的专家人选；③邀请专家参与评审，并提供专家所需评审的设计成果资料、建设单位的需求及相关部门的规定等；④组织相关专家对设计成果进行评审，收集各专家的评审意见；⑤整理、分析专家评审意见，提出相关建议或解决方案，形成会议纪要或报告，作为设计优化或下一阶段设计的依据，并报建设部门或相关部门。

6. 【答案】ABCD

【解析】工程设计阶段，工程监理单位协助建设单位报审工程设计文件时，首先，需要了解政府设计文件审批程序、报审条件及所需提供的资料等信息，以做好充分准备；其次，提前向相关部门进行咨询，获得相关部门咨询意见，以提高设计文件质量；再次，应事先检查设计文件及附件的完整性、合规性；最后，及时与相关政府部门联系，根据审批意见进行反馈和督促设计单位予以完善。

7. 【答案】B

【解析】工程监理单位应审查设计单位提出的新材料、新工艺、新技术、新设备在相关部门的备案情况，必要时应协助建设单位组织专家评审。

8. 【答案】A

【解析】勘察评估报告由总监理工程师组织各专业监理工程师编制，必要时可邀请相关专家参加。工程勘察成果评估报告应包括：①勘察工作概况；②勘察报告编制深度、与勘察标准的符合情况；③勘察任务书的完成情况；④存在的问题及建议；⑤评估结论。

9. 【答案】C

【解析】工程设计过程中的服务：①工程设计进度计划的审查；②工程设计过程控制；

③工程设计成果审查，工程监理单位应审查设计单位提交的设计成果，并提出评估报告；④工程设计“四新”的审查；⑤工程设计概算、施工图预算的审查。

10.【答案】A

【解析】工程监理单位应审查设计单位提出的新材料、新工艺、新技术、新设备在相关部门的备案情况，必要时应协助建设单位组织专家评审。

考点 2　工程保修阶段服务内容

11.【答案】A

【解析】工程监理单位应制定工程保修期回访计划及检查内容，并报建设单位批准；保修期期间，应按保修期回访计划及检查内容开展工作，做好记录，定期向建设单位汇报。

第四节　建设工程监理与项目管理一体化

考点 1　建设工程监理与项目管理服务的区别

1.【答案】BDE

【解析】项目管理服务是指具有工程项目管理服务能力的单位受建设单位委托，按照合同约定，对建设工程项目组织实施进行全过程或若干阶段的管理服务。尽管工程监理与项目管理服务均是由社会化的专业单位为建设单位（业主）提供服务，但在服务的性质、范围及侧重点等方面有着本质区别：①服务性质不同；②服务范围不同；③服务侧重点不同。

2.【答案】D

【解析】尽管工程监理与项目管理服务均是由社会化的专业单位为建设单位（业主）提供服务，但在服务的性质、范围及侧重点等方面有着本质区别。

考点 2　工程监理与项目管理一体化的实施条件和组织职责

3.【答案】D

【解析】实施工程监理与项目管理一体化，须具备以下条件：①建设单位的信任和支持是前提；②工程监理与项目管理队伍素质是基础；③建立健全相关制度和标准是保证。

4.【答案】A

【解析】建设工程监理与项目管理一体化是指工程监理单位在实施建设工程监理的同时，为建设单位提供项目管理服务。

5.【答案】C

【解析】选项 A 错误，工程监理与项目管理一体化是指工程监理单位在实施建设工程监理的同时，为建设单位提供项目管理服务。选项 B 错误，推行建设工程监理与项目管理一体化，对于深化我国工程建设管理体制和工程项目实施组织方式的改革，促进工程监理企业持续健康发展具有十分重要的意义。选项 D 错误，建设工程监理是一种强制实施的制度，工程项目管理服务属于委托性质。

第五节　建设工程项目全过程集成化管理

考点　全过程集成化管理服务模式

1. 【答案】A

【解析】目前在我国工程建设实践中，按照工程项目管理单位与建设单位结合方式的不同，全过程集成化项目管理服务可归纳为独立式、融合式和植入式三种模式。

2. 【答案】ADE

【解析】目前在我国工程建设实践中，按照工程项目管理单位与建设单位的结合方式不同，全过程集成化项目管理服务可归纳为独立式、融合式和植入式三种模式。

第十一章　国际工程咨询与组织实施模式

第一节　国际工程咨询

➢ **重难点：**

1. 咨询工程师职业道德。
2. 工程咨询公司的服务对象和内容。

考点 1　咨询工程师

1. **【单选】** 按照国际咨询工程师联合会（FIDIC）的理念，应基于（　　）选择咨询服务。

A. 业绩　　B. 质量

C. 道德　　D. 职责

2. **【单选】** 咨询工程师在任何时候，都应当维护咨询业尊严，这是 FIDIC 道德准则中（　　）方面的要求。

A. 对社会和咨询业的责任

B. 能力

C. 廉洁和正直

D. 公平

考点 2　工程咨询公司的服务对象和内容

3. **【多选】** 国际上的工程咨询公司可为承包商提供的服务内容有（　　）。

A. 合同咨询服务　　B. 工程索赔服务

C. 技术咨询服务　　D. 工程设计服务

E. 联合承包工程

4. **【单选】** 下列关于工程咨询公司的服务对象和内容，说法正确的是（　　）。

A. 工程咨询公司的业务范围仅限于业主和承包商

B. 工程咨询公司为业主服务既可以是全方位服务，也可以是某一方面的服务

C. 工程咨询公司不可与承包商联合投标承包工程

D. 对于不同的服务对象，服务内容相同

5. 【多选】在国际上，工程咨询公司参与联合承包工程的形式一般有（　　）。

A. 与土木工程承包商和设备制造商组成联合体共同承包项目

B. 作为总承包商，承担项目的主要责任和风险，而承包商则作为分包商

C. 以 Project Controlling 模式参与工程实施

D. 以项目发起人和策划公司的身份参与 BOT 项目

E. 以非代理型 CM 模式参与工程实施

第二节　国际工程组织实施模式

➢ **重难点：**

1. CM 模式种类及适用情形。
2. Partnering 模式主要特征、与其他模式的比较、组成要素及适用情况。
3. Project Controlling 模式种类、与工程项目管理服务的比较。

考点 1　CM 模式

1. 【单选】下列关于代理型 CM 模式的说法，正确的是（　　）。

A. CM 单位是业主的工程承包单位

B. CM 单位对设计单位没有指令权

C. CM 合同价是 CM 费和工程费用之和

D. 业主与 CM 单位签订工程承包合同

2. 【单选】与施工总承包相比，非代理型 CM 的特点是（　　）。

A. CM 单位介入工程时间早

B. 业主与施工单位直接签订施工合同

C. CM 合同采用简单的成本加酬金计价方式

D. CM 单位承担工程设计任务

3. 【单选】采用非代理型 CM 模式时，保证最大价格（GMP）数额过高会导致的结果是（　　）。

A. CM 单位所承担的风险大，业主所承担的风险小

B. CM 单位所承担的风险小，业主所承担的风险大

C. CM 单位和业主所承担的风险都比较小

D. CM 单位和业主所承担的风险都比较大

4. 【多选】CM 模式中采用快速路径法的优越性有（　　）。

A. 可以减少工程变更的数量

B. 可以将设计工作与施工搭接起来

C. 可以缩短建设周期

D. 可以减小施工阶段组织协调的难度

E. 可以减小施工阶段目标控制的难度

5. **【单选】**采用CM模式时，在建设工程的（　　）阶段就应当雇用具有施工经验的CM单位参与建设工程的实施过程。

A. 决策　　B. 设计

C. 施工招标　　D. 施工

6. **【多选】**从CM模式的特点来看，其适用情况主要包括（　　）。

A. 规模小、技术简单的建设工程

B. 设计变更可能性较大的建设工程

C. 时间因素最为重要的建设工程

D. 因质量和功能要求高而可能突破投资目标的建设工程

E. 因总的范围和规模不确定而无法准确定价的建设工程

7. **【单选】**非代理型CM合同谈判中的焦点和难点在于（　　）。

A. 确定CM费

B. 确定GMP的具体数额

C. 确定计价原则

D. 确定计价方式

8. **【单选】**下列关于非代理型CM模式的表述中，正确的是（　　）。

A. CM合同价就是CM费

B. CM单位与施工单位之间是总分包关系

C. CM模式又称为风险型CM模式

D. CM单位通常由设计单位担任

9. **【多选】**下列关于代理型CM模式的表述，正确的有（　　）。

A. GMP数额的谈判是CM合同谈判的焦点和难点

B. CM单位对设计单位没有指令权

C. 业主与少数施工单位和材料、设备供应单位签订合同

D. CM单位是业主的咨询单位

E. 代理型CM模式的管理效果没有非代理型CM模式的管理效果好

考点 2　Partnering 模式

10. **【单选】**业主与承包单位签订长期协议，在多个工程项目上持续运用Partnering模式产生的结果是（　　）。

A. 既增加承包单位的经营成本，也增加业主的交易成本

B. 增加承包单位的经营成本，但会降低业主的交易成本

C. 降低承包单位的经营成本，但会增加业主的交易成本

D. 既能降低承包单位的经营成本，也能降低业主的交易成本

11. **【多选】**Partnering模式的主要特征有（　　）。

A. 参与各方出于自愿

B. 高层管理者参与

C. 各方信息的开放性

D. 适宜公开招标

E. 基于信息网络平台

12. 【多选】下列承包模式中，工程设计能够与施工有效衔接的有（　　）。

A. 平行承包模式　　B. 施工总承包模式

C. Partnering 模式　　D. EPC 承包模式

E. DB 承包模式

13. 【单选】下列关于 Partnering 协议的说法，正确的是（　　）。

A. Partnering 协议是工程总承包合同的组成部分

B. Partnering 协议是工程设计合同的组成部分

C. Partnering 协议不是法律意义上的合同

D. Partnering 协议是工程咨询合同的组成部分

14. 【单选】下列管理模式的特征中，属于 Partnering 模式特征的是（　　）。

A. 承包商承担大部分风险　　B. 业主管理工程实施

C. 信息的开放性　　D. 采用单价合同

15. 【多选】成功运用 Partnering 模式所不可缺少的要素有（　　）。

A. 长期协议　　B. 信任

C. 责任分解　　D. 合作

E. 共同目标

16. 【单选】下列 Partnering 模式的特征和要素中，属于 Partnering 模式要素的是（　　）。

A. 共同的目标　　B. 出于自愿

C. 高层管理参与　　D. 信息的开放性

17. 【单选】Partnering 模式特别适用于（　　）的建设工程。

A. 业主长期有投资活动

B. 承包商承担大部分风险

C. 时间因素最为重要

D. 业主需要信息决策支持

考点 3　Project Controlling 模式

18. 【单选】Project Controlling 模式与工程项目管理服务的不同点在于（　　）不同。

A. 工作属性　　B. 控制目标

C. 控制原理　　D. 工作内容

19. 【多选】下列关于 Project Controlling 的说法，正确的有（　　）。

A. Project Controlling 咨询单位实质上是建设工程业主的决策支持机构

B. Project Controlling 咨询单位需要工程参建各方的配合

C. Project Controlling 组织结构与业主方组织结构有明显的区别

D. Project Controlling 模式是适应监理单位高层管理人员决策需要而产生的

E. Project Controlling 模式必须设置多个管理平面

20. 【多选】Project Controlling 与工程项目管理服务的共同点有（　　）。

A. 工作属性相同　　B. 服务时间相同

C. 控制目标相同　　D. 工作内容相同

E. 控制原理相同

21. 【单选】因适应大型建设工程业主高层管理人员决策需要而产生的建设工程管理模式是（　　）模式。

A. EPC　　B. CM

C. Partnering　　D. Project Controlling

22. 【单选】对工程咨询公司而言，提供 Project Controlling 与工程项目管理服务的相同点是（　　）。

A. 两者地位相同　　B. 两者工作内容相同

C. 两者工作属性相同　　D. 两者权力相同

参考答案及解析

第十一章　国际工程咨询与组织实施模式

第一节　国际工程咨询

考点 1　**咨询工程师**

1. 【答案】B

【解析】按照国际咨询工程师联合会（FIDIC）的理念，应"基于质量选择咨询服务"。

2. 【答案】A

【解析】对社会和咨询业的责任：①承担咨询业对社会所负有的责任；②寻求符合可持续发展原则的解决方案；③在任何情况下，始终维护咨询业的尊严、地位和荣誉。

考点 2　**工程咨询公司的服务对象和内容**

3. 【答案】ABCD

【解析】国际上的工程咨询公司为承包商提供的服务主要有以下三种情况：①为承包商提供合同咨询和索赔服务；②为承包商提供技术咨询服务；③为承包商提供工程设计服务。

4. 【答案】B

【解析】选项A、C错误，工程咨询公司的业务范围很广泛，其服务对象可以是业主、承包商、国际金融机构和贷款银行，工程咨询公司也可以与承包商联合投标承包工程。选项D错误，工程咨询公司的服务对象不同，相应的服务内容也不同。

5. 【答案】ABD

【解析】在国际上，一些大型工程咨询公司往往与设备制造商和土木工程承包商组成联合体，参与项目总承包或交钥匙工程的投标，中标后共同完成项目建设的全部任务。在少数情况下，工程咨询公司甚至可以作为总承包商，承担项目的主要责任和风险，而承包商则成为分包商。工程咨询公司还可能参与PPP/BOT项目，甚至作为这类项目的发起人和策划公司。

第二节　国际工程组织实施模式

考点 1　**CM模式**

1. 【答案】B

【解析】选项A错误，CM单位是业主的咨询单位。选项C错误，CM合同价就是CM费。选项D错误，业主与CM单位签订咨询服务合同。

2. 【答案】A

【解析】选项A正确、选项D错误，CM单位介入工程时间较早（一般在设计阶段介入）且不承担设计任务。选项B错误，采用非代理型CM模式时，业主一般不与施工单位签订工程施工合同。选项C错误，在签订CM合同时，该合同价尚不是一个确定的具体数据，而主要是确定计价原则和方式，本质上属于成本加酬金合同的一种特殊形式。

3.【答案】B

【解析】采用非代理型CM模式时，如果GMP的数额过高，就失去了控制工程费用的意义，业主所承担的风险增大；反之，GMP的数额过低，则CM单位所承担的风险加大。

4.【答案】BC

【解析】所谓CM模式，就是在采用快速路径法时，从建设工程的开始阶段就雇用具有施工经验的CM单位（或CM经理）参与到建设工程实施过程中来，以便为设计人员提供施工方面的建议且随后负责管理施工过程。不要将CM模式与快速路径法混为一谈。采用快速路径法可以将设计工作与施工搭接起来。与传统模式相比，快速路径法可以缩短建设周期。但实际上，与传统模式相比，快速路径法大大增加了施工阶段组织协调和目标控制的难度。

5.【答案】B

【解析】所谓CM模式，就是在采用快速路径法时，从建设工程的开始阶段就雇用具有施工经验的CM单位（或CM经理）参与到建设工程实施过程中来，以便为设计人员提供施工方面的建议且随后负责管理施工过程。CM单位与施工单位之间似乎是总分包关系，但实际上却与总分包模式有本质的不同，其根本区别主要表现在：一是虽然CM单位与各个分包商直接签订合同，但CM单位对各分包商的资格预审、招标、议标和签约都对业主公开且必须经过业主的确认才有效；二是由于CM单位介入工程时间较早（一般在设计阶段介入），且不承担设计任务，因此，CM单位并不向业主直接报出具体数额的价格，而是报CM费，至于工程本身的费用则是今后CM单位与各分包商、供应商的合同价之和。

6.【答案】BCE

【解析】从CM模式的特点来看，在以下几种情况下尤其能体现出其优点：①设计变更可能性较大的建设工程；②时间因素最为重要的建设工程；③因总的范围和规模不确定而无法准确确定造价的建设工程。

7.【答案】B

【解析】如果GMP的数额过高，就失去了控制工程费用的意义，业主所承担的风险增大；反之，GMP的数额过低，则CM单位所承担的风险加大。因此，GMP具体数额的确定就成为CM合同谈判中的一个焦点和难点。

8.【答案】C

【解析】CM模式可分为代理型CM和非代理型CM两种类型：①代理型CM模式又称为纯粹CM模式。采用代理型CM模式时，CM单位是业主的咨询单位，业主与CM单位签订咨询服务合同，CM合同价就是CM费，其表现形式可以是百分率或固定数额的费用；业主分别与多个施工单位签订所有的工程施工合同。代理型CM模式中，CM单位通常是具有较丰富施工经验的专业CM单位或咨询单位。②非代理型CM模式又称为风险型 CM 模式，在英国称为管理承包。CM 单位与施工单位之间似乎是总分包关系，但实际上却与总分包模式有本质的不同。

9. **【答案】** BD

【解析】 CM 模式可分为代理型 CM 和非代理型 CM 两种类型：①代理型 CM 模式。又称为纯粹 CM 模式。采用代理型 CM 模式时，CM 单位是业主的咨询单位，业主与 CM 单位签订咨询服务合同，CM 合同价就是 CM 费，其表现形式可以是百分率或固定数额的费用；业主分别与多个施工单位签订所有的工程施工合同。CM 单位对设计单位没有指令权，只能向设计单位提出一些合理化建议。这一点同样适用于非代理型 CM 模式。这也是 CM 模式与全过程工程项目管理的重要区别。代理型 CM 模式中，CM 单位通常是具有较丰富施工经验的专业 CM 单位或咨询单位。②非代理型 CM 模式。又称为风险型 CM 模式，在英国称为管理承包。采用非代理型 CM 模式时，业主一般不与施工单位签订工程施工合同，但也可能在某些情况下，对某些专业性很强的工程内容和工程专用材料、设备，业主与少数施工单位和材料、设备供应单位签订合同。采用非代理型 CM 模式，业主对工程费用不能直接控制，因而在这方面存在很大风险。为了促进 CM 单位加强费用控制工作，业主往往要求在 CM 合同中预先确定一个具体数额的保证最大价格（简称 GMP，包括总的工程费用和 CM 费）。如果 GMP 的数额过高，就失去了控制工程费用的意义，业主所承担的风险增大；反之，GMP 的数额过低，则 CM 单位所承担的风险加大。因此，GMP 具体数额的确定就成为 CM 合同谈判中的一个焦点和难点。

考点 2 Partnering 模式

10. **【答案】** D

【解析】 在多个工程项目上持续运用 Partnering 模式，既有利于对工程项目质量、造价、进度的控制，同时也降低了承包单位的经营成本。对业主而言，可以大大降低“交易成本”，缩短建设周期，取得更好的投资效益。

11. **【答案】** ABC

【解析】 Partnering 模式的主要特征包括：①出于自愿；②高层管理者参与；③Partnering协议不是法律意义上的合同；④信息的开放性。

12. **【答案】** CDE

【解析】 Partnering 模式：工程参建各方之间有许多共同利益，通过工程设计单位、施工单位、业主三方的配合，可以降低工程风险，对参建各方均有利。工程总承包（EPC 承包）模式：由于工程设计与施工由一家承包单位统筹实施，一般能做到工程设计与施工的相互搭接，有利于控制工程进度，可缩短建设周期。设计、施工（Design－Build，DB）承包模式：设计和施工能有效衔接。

13. **【答案】** C

【解析】 Partnering 模式的特征：①出于自愿；②高层管理者参与；③Partnering 协议不是法律意义上的合同；④信息的开放性。

14. **【答案】** C

【解析】Partnering模式的特征：①出于自愿；②高层管理者参与；③Partnering协议不是法律意义上的合同；④信息的开放性。

15. 【答案】ABDE

【解析】Partnering模式的组成要素：①长期协议；②共享；③信任；④共同的目标；⑤合作。

16. 【答案】A

【解析】Partnering模式的组成要素：①长期协议；②共享；③信任；④共同的目标；⑤合作。

17. 【答案】A

【解析】Partnering模式并不能作为一种独立存在的模式。从Partnering模式的实践情况看，并不存在什么适用范围的限制。但是，Partnering模式的特点决定了其特别适用于以下几种类型的建设工程：①业主长期有投资活动的建设工程；②不宜采用公开招标或邀请招标的建设工程；③复杂的不确定因素较多的建设工程；④国际金融组织贷款的建设工程。

考点3 Project Controlling模式

18. 【答案】D

【解析】Project Controlling模式与工程项目管理服务的不同点主要表现在：①两者地位不同；②两者服务时间不尽相同；③两者工作内容不同；④两者权力不同。

19. 【答案】AB

【解析】选项C错误，Project Controlling的组织结构与业主项目管理的组织结构有明显的一致性和对应关系。选项D错误，Project Controlling模式是适应大型建设工程业主高层管理人员决策需要而产生的。选项E错误，根据建设工程的特点和业主方组织结构的具体情况，Project Controlling模式可分为单平面Project Controlling和多平面Project Controlling两种类型。

20. 【答案】ACE

【解析】Project Controlling模式与工程项目管理服务的相同点：①工作属性相同，即都属于工程咨询服务；②控制目标相同，即都是控制项目的投资、进度和质量三大目标；③控制原理相同，即都是采用动态控制、主动控制与被动控制相结合并尽可能采用主动控制。Project Controlling与工程项目管理服务的不同之处：①两者地位不同；②两者服务时间不尽相同；③两者工作内容不同；④两者权力不同。

21. 【答案】D

【解析】Project Controlling模式是适应大型建设工程业主高层管理人员决策需要而产生的。

22. 【答案】C

【解析】Project Controlling模式与工程项目管理服务的相同点：①工作属性相同，都属于工程咨询服务；②控制目标相同，都是控制项目的投资、进度和质量三大目标；③控制原理相同，都是采用动态控制、主动控制与被动控制相结合并尽可能采用主动控制。不同之处：①两者地位不同；②两者服务时间不尽相同；③两者工作内容不同；④两者权力不同。

亲爱的读者：

如果您对本书有任何感受、建议、纠错，都可以告诉我们。

我们会精益求精，为您提供更好的产品和服务。

祝您顺利通过考试！

扫码参与问卷调查

环球网校监理工程师考试研究院